对接世界技能大赛技术标准创新系列教材
技工院校一体化课程教学改革数控加工专业教材

简单零件数控车床加工教师用书

人力资源社会保障部教材办公室　组织编写

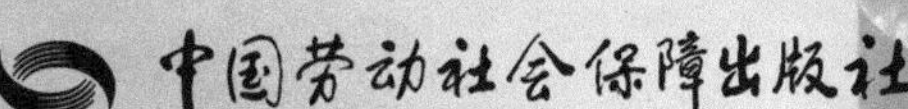

内容简介

本套教材为对接世赛标准深化一体化专业课程改革数控加工专业教材，对接世赛数控车、数控铣项目，学习目标融入世赛要求，学习内容对接世赛技能标准，考核评价方法参照世赛评分方案，并设置了世赛知识栏目。

本书为《简单零件数控车床加工》的配套教师用书，在《简单零件数控车床加工》的基础上增加了引导问题的参考答案（教学建议），并给出了学习任务设计方案和教学活动策划表，内容丰富、实用，有助于教师更好地开展一体化教学。

图书在版编目（CIP）数据

简单零件数控车床加工教师用书 / 人力资源社会保障部教材办公室组织编写 . -- 北京：中国劳动社会保障出版社，2022

对接世界技能大赛技术标准创新系列教材　技工院校一体化课程教学改革数控加工专业教材

ISBN 978-7-5167-5233-3

Ⅰ. ①简…　Ⅱ. ①人…　Ⅲ. ①机械元件 – 数控机床 – 车床 – 加工 – 技工学校 – 教学参考资料 Ⅳ. ①TH13②TG519.1

中国版本图书馆 CIP 数据核字（2022）第 043697 号

中国劳动社会保障出版社出版发行

（北京市惠新东街 1 号　邮政编码：100029）

*

北京市艺辉印刷有限公司印刷装订　　新华书店经销

880 毫米 ×1230 毫米　16 开本　15 印张　349 千字

2022 年 4 月第 1 版　　2025 年 8 月第 3 次印刷

定价：45.00 元

营销中心电话：400-606-6496

出版社网址：http://www.class.com.cn

http://jg.class.com.cn

对接世界技能大赛技术标准创新系列教材

编审委员会

主　任：刘　康

副主任：张　斌　王晓君　刘新昌　冯　政

委　员：王　飞　翟　涛　杨　奕　张　伟　赵庆鹏
　　　　姜华平　杜庚星　王鸿飞

数控加工专业课程改革工作小组

课 改 校：江苏省常州技师学院　广东省机械技师学院
　　　　　宁波技师学院　开封技师学院　襄阳技师学院
　　　　　江苏省盐城技师学院　东莞技师学院　江门技师学院
　　　　　西安技师学院　杭州技师学院　临沂技师学院

技术指导：宋放之

编　　辑：闫宪新

本书编审人员

主　编：吉　琳

副主编：曹鲁政

参　编：洪惠良　吴辰晨　巢英志　何子卿　陈烨妍　孙春花
　　　　史永利　刘新林　陈裕银　潘焯成

主　审：崔兆华

序

世界技能大赛由世界技能组织每两年举办一届，是迄今全球地位最高、规模最大、影响力最广的职业技能竞赛，被誉为“世界技能奥林匹克”。我国于 2010 年加入世界技能组织，先后参加了五届世界技能大赛，累计取得 36 金、29 银、20 铜和 58 个优胜奖的优异成绩。第 46 届世界技能大赛将在我国上海举办。2019 年 9 月，习近平总书记对我国选手在第 45 届世界技能大赛上取得佳绩作出重要指示，并强调，劳动者素质对一个国家、一个民族发展至关重要。技术工人队伍是支撑中国制造、中国创造的重要基础，对推动经济高质量发展具有重要作用。要健全技能人才培养、使用、评价、激励制度，大力发展技工教育，大规模开展职业技能培训，加快培养大批高素质劳动者和技术技能人才。要在全社会弘扬精益求精的工匠精神，激励广大青年走技能成才、技能报国之路。

为充分借鉴世界技能大赛先进理念、技术标准和评价体系，突出“高、精、尖、缺”导向，促进技工教育与世界先进标准接轨，完善我国技能人才培养模式，全面提升技能人才培养质量，人力资源社会保障部于 2019 年 4 月启动了世界技能大赛成果转化工作。根据成果转化工作方案，成立了由世界技能大赛中国集训基地、一体化课改学校，以及竞赛项目中国技术指导专家、企业专家、出版集团资深编辑组成的对接世界技能大赛技术标准深化专业课程改革工作小组，按照创新开发新专业、升级改造传统专业、深化一体化专业课程改革三种对接转化原则，以专业培养目标对接职业描述、专业课程对接世界技能标准、课程考核与评价对接评分方案等多种操作模式和路径，同时融入健康与安全、绿色与环保及可持续发展理念，开发与世界技能大赛项目对接的专业人才培养方案、教材及配套教学资源。首批对接 19 个世界技能大赛项目共 12 个专业的成果将于 2020—2021 年陆续出版，主要用于技工院校日常专业教学工作中，充分发挥世界技能大赛成果转化对技工院校技能人才的引领示范作用。在总结经验及调研的基础上选择新的对接项目，陆续启动第二批等世界技能大赛成果转化工作。

希望全国技工院校将对接世界技能大赛技术标准创新系列教材，作为深化专业课程建设、创新人才培养模式、提高人才培养质量的重要抓手，进一步推动教学改革，坚持高端引领，促进内涵发展，提升办学质量，为加快培养高水平的技能人才作出新的更大贡献！

2020 年 11 月

目 录

学习任务一　齿轮箱定位台阶轴的数控车加工

学习目标

1. 能了解数控车间与工作区的范围和限制，理解企业对环境、安全、卫生和事故预防的标准。

2. 能检查工作区、设备、工具、材料的状况和功能。

3. 能按照数控加工车间安全防护规定，正确穿戴劳动防护用品，严格执行安全操作规程。

4. 能根据加工任务书，通过小组讨论，明确工作任务和要求，共同制订合理的工作计划。

5. 能借助技术手册，查阅零件毛坯的材料牌号、几何公差和切削用量等知识，理解技术手册在生产中的重要性。

6. 能根据任务书、零件图加工要求，通过查阅数控加工工艺学，分析并制定零件的数控加工工艺，完成加工工序卡的填写，并理解产品加工工艺在生产中的重要性。

7. 能合理选择编程指令，完成齿轮箱定位台阶轴加工程序的编制。

8. 能独立操作数控车床，完成齿轮箱定位台阶轴的加工，并解决在此过程中出现的简单报警和加工问题。

9. 能规范、熟练地使用游标卡尺、千分尺等通用量具，对齿轮箱定位台阶轴进行检测并判断加工质量，分析误差原因，优化加工策略。

10. 能在作业过程中严格执行企业操作规范、安全生产制度、环保管理制度以及“6S”管理规定，严格遵守从业人员的职业道德，树立吃苦耐劳、爱岗敬业的工作态度，精益求精的质量管控意识和职业责任感。

11. 能按车间现场“6S”管理规定和产品工艺流程的要求，整理现场，正确放置工具、产品，对机床、工具进行维护保养，并规范填写保养记录表。

12. 能与班组长、工具管理员等相关人员进行有效的沟通与合作，理解有效沟通和团队合作的重要性。

13. 能积极主动汇报工作成果，对学习工作过程中出现的问题进行反思总结，优化方案和策略，具备知识迁移能力。

建议学时

42 学时。

工作情境描述

某企业接到一批齿轮箱定位台阶轴零件（图 1–1）加工订单，数量为 30 件。来料加工，材料为 45 钢，毛坯尺寸为 ϕ35 mm×60 mm，交货期为 7 天。该零件由圆柱体组成，生产主管计划用数控车床进行加工。

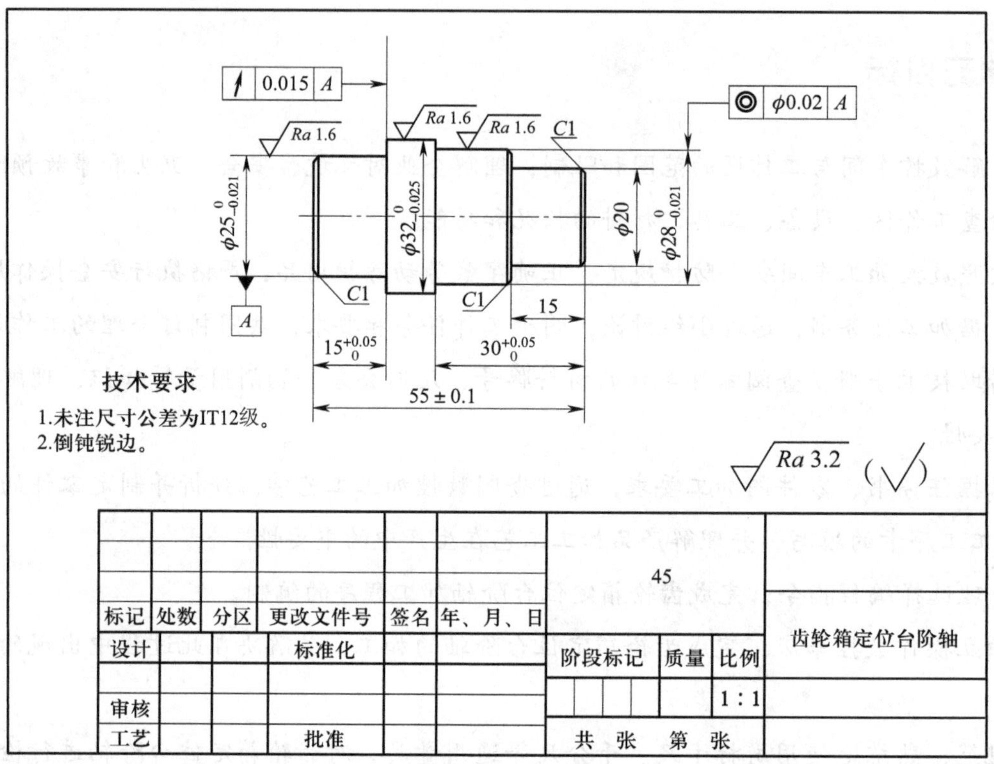

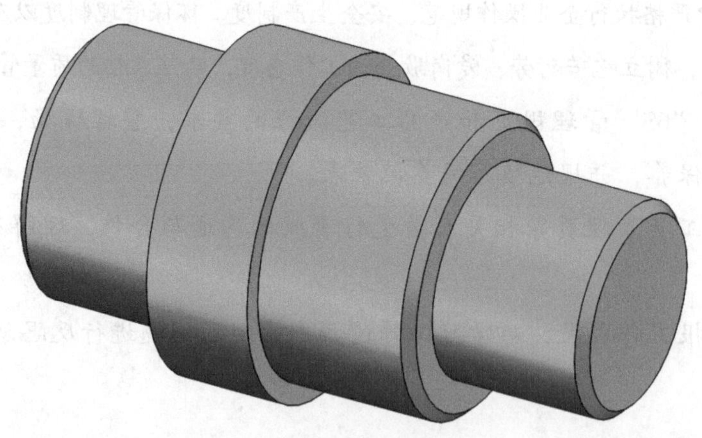

图 1–1　齿轮箱定位台阶轴

工作流程与活动

1．数控车床基本操作（12 学时）

2．齿轮箱定位台阶轴车削加工指令（4 学时）

3．齿轮箱定位台阶轴的工艺分析与编程（4 学时）

4．齿轮箱定位台阶轴的数控车加工（16 学时）

5．齿轮箱定位台阶轴的检验与加工质量分析（2 学时）

6．工作总结与评价（4 学时）

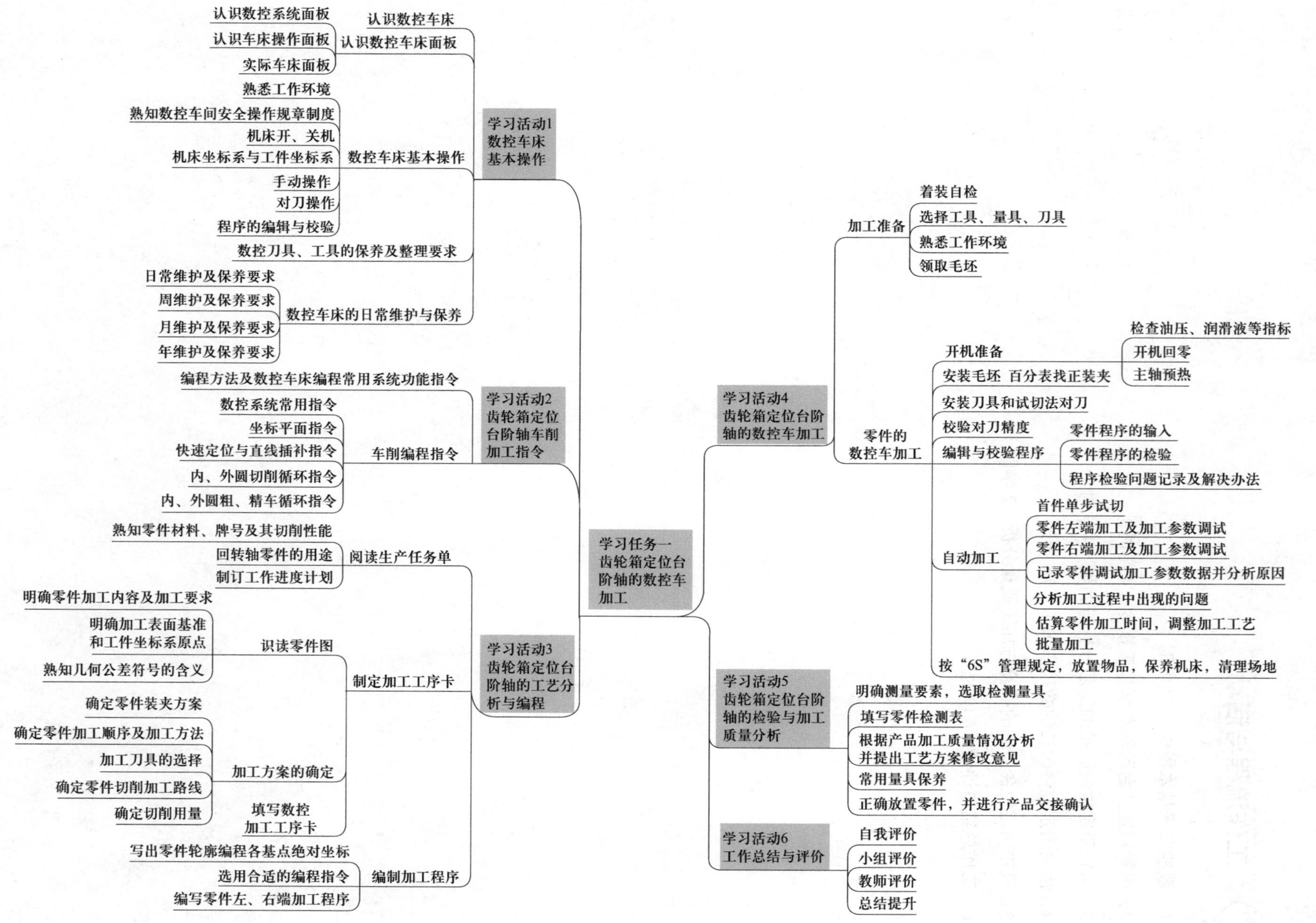
学习任务一 齿轮箱定位台阶轴的数控车加工
学习活动1 数控车床基本操作
认识数控车床
认识数控车床面板
认识数控系统面板
认识车床操作面板
实际车床面板
数控车床基本操作
熟悉工作环境
熟知数控车间安全操作规章制度
机床开、关机
机床坐标系与工件坐标系
手动操作
对刀操作
程序的编辑与校验
数控刀具、工具的保养及整理要求
数控车床的日常维护与保养
日常维护及保养要求
周维护及保养要求
月维护及保养要求
年维护及保养要求
学习活动2 齿轮箱定位台阶轴车削加工指令
编程方法及数控车床编程常用系统功能指令
车削编程指令
数控系统常用指令
坐标平面指令
快速定位与直线插补指令
内、外圆切削循环指令
内、外圆粗、精车循环指令
学习活动3 齿轮箱定位台阶轴的工艺分析与编程
阅读生产任务单
熟知零件材料、牌号及其切削性能
回转轴零件的用途
制订工作进度计划
制定加工工序卡
识读零件图
明确零件加工内容及加工要求
明确加工表面基准和工件坐标系原点
熟知几何公差符号的含义
加工方案的确定
确定零件装夹方案
确定零件加工顺序及加工方法
加工刀具的选择
确定零件切削加工路线
确定切削用量
填写数控加工工序卡
编制加工程序
写出零件轮廓编程各基点绝对坐标
选用合适的编程指令
编写零件左、右端加工程序
学习活动4 齿轮箱定位台阶轴的数控车加工
加工准备
着装自检
选择工具、量具、刀具
熟悉工作环境
领取毛坯
零件的数控车加工
开机准备
检查油压、润滑液等指标
开机回零
主轴预热
安装毛坯 百分表找正装夹
安装刀具和试切法对刀
校验对刀精度
编辑与校验程序
零件程序的输入
零件程序的检验
程序检验问题记录及解决办法
自动加工
首件单步试切
零件左端加工及加工参数调试
零件右端加工及加工参数调试
记录零件调试加工参数数据并分析原因
分析加工过程中出现的问题
估算零件加工时间，调整加工工艺
批量加工
按“6S”管理规定，放置物品，保养机床，清理场地
学习活动5 齿轮箱定位台阶轴的检验与加工质量分析
明确测量要素，选取检测量具
填写零件检测表
根据产品加工质量情况分析并提出工艺方案修改意见
常用量具保养
正确放置零件，并进行产品交接确认
学习活动6 工作总结与评价
自我评价
小组评价
教师评价
总结提升

学习活动 1　数控车床基本操作

学习目标

1. 能了解数控车间与工作区的范围和限制，理解企业对环境、安全、卫生和事故预防的标准。

2. 能够检查工作区、设备、工具、材料的状况和功能。

3. 能说出数控车床的组成、结构、功能，写出数控车床面板各部分的名称和作用。

4. 能熟练进行数控车床的开关机、主轴正反转、换刀等基本操作。

5. 能熟练进行程序的输入、修改、替换等编辑操作。

6. 能正确判别机床坐标轴及其正方向，用手动或手摇方式操作刀架沿相应轴进行移动。

7. 能正确装夹工件，并对其进行找正。

8. 能写出数控刀具的组成部分，并正确安装数控刀具。

9. 能正确建立工件坐标系，完成对刀操作。

10. 能判别机床操作中出现的报警类型并进行解除。

11. 能对机床、数控车刀、工具进行维护与保养，并按现场“6S”管理的要求清理现场。

建议学时：12 学时。

学习过程

一、认识数控车床

通过参观数控车间来认识数控车床。在参观过程中，认真仔细地观察比较数控车床与普通车床的不同之处，查阅学习资料，了解数控车床的加工内容、加工特点、种类等基本知识。

1．通过参观，结合图 1–2 所示的普通车床和数控车床，完成表 1–1 的填写。

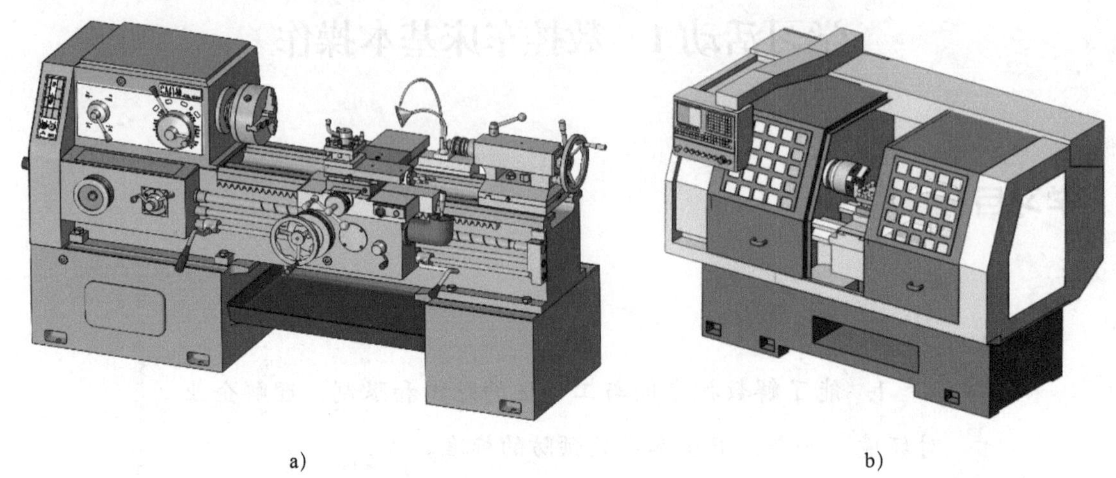

a)　　b)

图 1–2　车床
a）普通车床　b）数控车床

表 1–1　普通车床与数控车床的对比

车床类别	车床组成构件名称	加工产品类型	常用车床系统或型号
普通车床	床身、交换齿轮箱、主轴箱、进给箱、溜板箱、丝杠、光杠、刀架、尾座等	单件或小批量生产、表面粗糙度要求不高的回转体零件	CA6140、C6136、C6200、C6150、C620 等
数控车床	数控装置、车床本体、伺服装置、辅助装置、润滑装置、冷却装置等	轴套类零件、盘类零件；形状复杂、精度高的回转体零件	SIEMENS 系统、FANUC 系统、GSK980T、HNC–21T

2．通过上述比较，写出数控车床与普通车床的异同点。

（1）相同点

①主要结构基本相同：普通车床的主要组成部件有主轴箱、交换齿轮箱、进给箱、溜板箱、刀架、尾座、光杠、丝杠和床身等；数控车床的主要组成部件有数控装置、车床本体、伺服装置、辅助装置、润滑装置、冷却装置等。

②功能相同：都常用于加工轴类零件或盘类零件的内、外回转表面，端面和各种内、外螺纹，采用相应的刀具和辅具还可以钻孔、扩孔、攻螺纹和滚花等。

（2）不同点

①普通车床：难以加工形状复杂的轮廓，如锥度、圆弧、曲面等；加工精度和加工效率低；加工中尺寸测量多为手动测量；无安全防护门等安全装置；无检测装置和显示装置；适合单件或小批量生产。

②数控车床：可加工任意锥度的锥面、圆弧等复杂轮廓；采用封闭防护装置，可防止切屑或切削液飞出；采用自动排屑装置；有自动换刀装置，在加工过程中可自动换刀，连续完成多道工序的加工；数控车床的主传动与进给传动采用了各自独立的伺服电动机，传动简单、可靠；可实现多轴联动；有检测装置和显示装置；适合大批量生产。

3．认识数控车床的结构（图 1–3），数控车床主要由车床本体和数控系统两大部分组成。

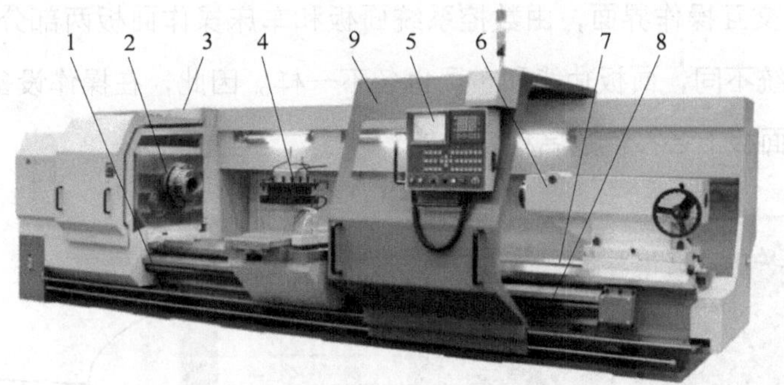

图 1–3 CKA61100A 型卧式数控车床

（1）在表 1–2 中写出数控车床上对应位置的结构名称。

表 1–2 数控车床结构名称

序号	名称	序号	名称
1	床身	6	尾座
2	主轴箱	7	导轨
3	电气控制箱	8	丝杠
4	刀架	9	安全防护门
5	数控面板		

（2）在表 1–3 中写出车床本体和数控系统各包含哪些部件。

表 1–3 车床本体和数控系统部件名称

类型	部件名称
车床本体	床身、尾座、导轨、刀架、丝杠、主轴箱、冷却装置等
数控系统	输入 / 输出装置、数控装置、伺服装置等

（3）通过参观实习车间，根据工作任务要求，选择可完成加工产品零件的数控车床类型，完成表 1–4 的填写。

表 1–4 车间数控车床类型

序号	数控系统类型	车床型号	床身类型	导轨行程
1				
2				
3				
4				

4．根据车床床身位置的不同，写出数控车床的类型及其特点。

数控车床根据床身位置不同可分为水平床身和倾斜床身两种。

水平床身数控车床的加工工艺性好，刀架水平放置，提高了刀架的运动精度，这类机床的缺点是刚度较差、排屑较困难；倾斜床身数控车床具有刚度好、外形美观、结构紧凑、排屑容易、便于操作和观察等优点，但当其床身倾斜角度较大时，会影响导轨的导向性和受力状况。

二、认识数控车床面板

数控车床面板是人机交互操作界面，由数控系统面板和车床操作面板两部分组成（图 1–4）。不同类型的数控车床配备的数控系统不同，面板功能和布局也各不一样。因此，在操作设备前，要仔细阅读编程与操作说明书，认识数控车床面板上各按键的名称及功能。

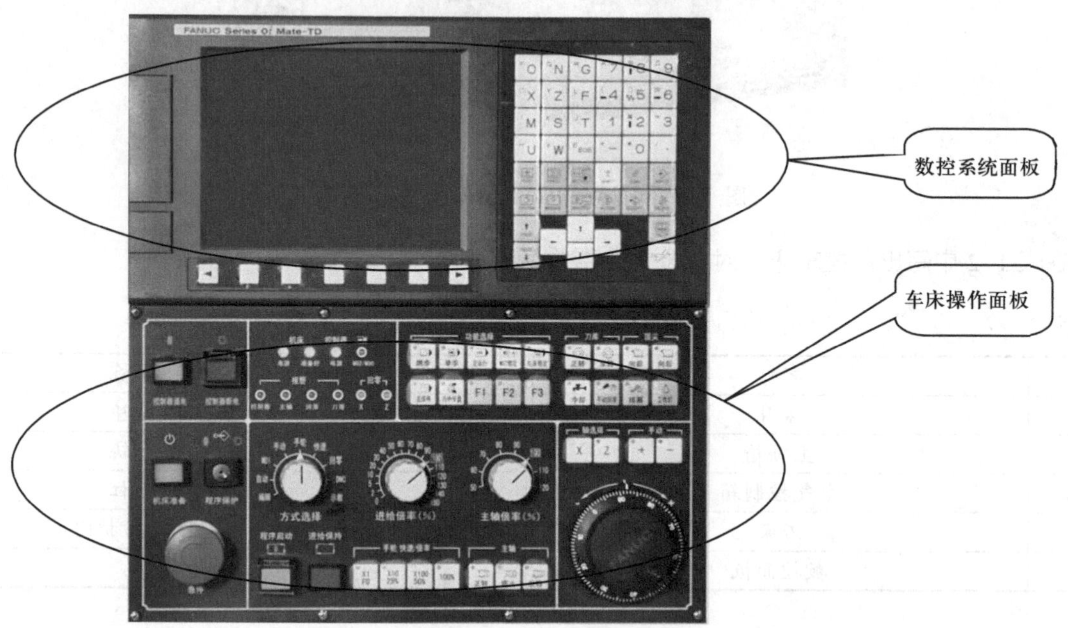

图 1–4　FANUC 0iMate–TD 系统的数控车床面板

1．认识数控系统面板

（1）查阅编程与操作说明书，写出 FANUC 0iMate–TD 数控系统面板（图 1–5）的组成部分。

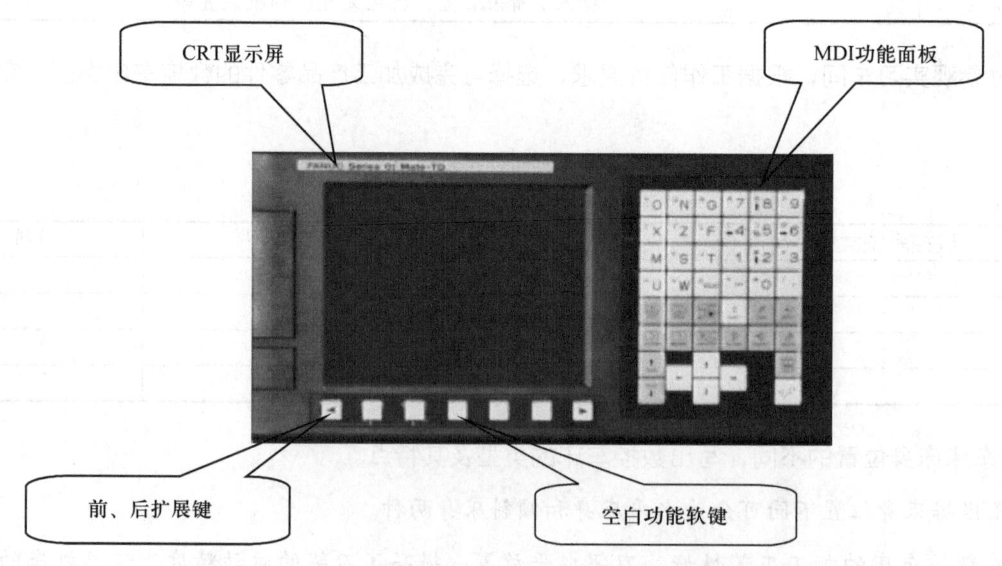

图 1–5　FANUC 0iMate–TD 数控系统面板的组成

（2）查阅编程与操作说明书，认识 FANUC 0iMate-TD 数控系统面板上各按键的名称及功能，并完成表 1-5 的填写。

表 1-5　　FANUC 0iMate-TD 数控系统面板各按键的名称及功能

按键	名称	功能
O N G 7 8 9 X Z F 4 5 6 M S T 1 2 3 U W EOB - 0 .	程序编辑键	用于数控程序的输入和编辑
POS	位置显示键	用于显示当前加工位置的机床坐标值或工件坐标值
PROG	程序显示键	用于显示正在执行或编辑的程序内容
OFFSET SETTING	参数设置 / 显示键	用于设置、显示刀具补偿值和工件坐标系
SYSTEM	系统显示键	用于系统参数的设置与显示，以及自诊断功能数据显示等
MESSAGE	报警信息显示键	用于显示报警界面、报警时间、报警类型等
CUSTOM GRAPH	图形显示键	用于显示刀具轨迹等图形
SHIFT	上档键	用于输入处在上档位置的字符
CAN	取消键	用于清除输入缓冲器中的文字或符号
ALERT	替换键	用于在“Edit”模式下，替换光标所在位置的字符
EOB E	结束符键	用于表示程序段结束符
DELETE	删除键	用于删除程序中的字符
INSERT	插入键	用于程序编辑中字符的插入

续表

按键	名称	功能
	翻页键	用于向上或向下翻页
	光标移动键	用于改变光标在程序中的位置
	帮助键	用于提供与系统相关的帮助信息
	复位键	用于所有操作停止或解除报警，CNC 复位

2．认识车床操作面板

查阅编程与操作说明书，对照图 1-6 所示的 FANUC 0iMate-TD 数控车床操作面板，填写表 1-6 中 FANUC 0iMate-TD 数控车床操作面板上各按键的名称及功能。

图 1-6 FANUC 0iMate-TD 数控车床操作面板

表 1-6 FANUC 0iMate-TD 数控车床操作面板各按键的名称及功能

按键	名称	功能
	系统电源开关	旋转至“ON”位置时，总电源开启；旋转至“OFF”位置时，总电源关闭
	机床准备	将 CNC 复位，准备操作

续表

按键	名称	功能
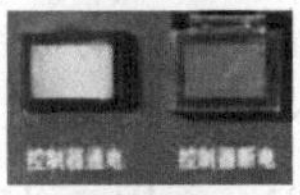	控制器电源开关	按下“控制器通电”按钮，向机床润滑、冷却等装置及数控系统供电；按下“控制器断电”，停止供电
	程序保护开关	程序编辑功能保护开关，旋转至“Ⅰ”时，程序编辑功能开启，可正常输入程序字符；旋转至“○”时，该功能关闭
	紧急停止开关	紧急情况下按下“紧急停止开关”按钮，屏幕上出现“EMG”字样，报警指示灯亮，机床停止动作
	单段键	该功能键打开，指示灯亮，程序段执行一段按下循环启动按钮
	空运行键	该功能键打开，指示灯亮，加工程序、MDT 代码段空运行
	机床锁住键	该功能键打开，指示灯亮，*X*、*Z* 轴输出无效
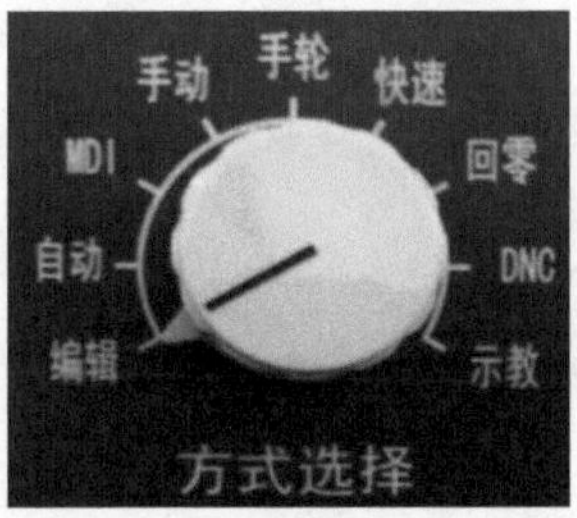	机床功能方式选择	①编辑：用于显示和编辑存储器中的程序，可编辑完整程序
		②自动：根据面板上的程序，机床自动运行加工
		③ MDI：程序单段录入方式，可编辑单段程序
		④手动：手动进给方式，可用于轴向进给操作
		⑤手轮：手轮进给方式
		⑥快速：可轴向快速进给操作
		⑦回零：轴向回参考点操作
		⑧ DNC：在线传输加工
		⑨示教：示范教学模式
	进给速度倍率控制旋钮	用于调节轴向进给速度快慢，调节范围为 0 ~ 120%
	主轴转速倍率控制旋钮	用于调节主轴旋转速度，调节范围为 50% ~ 120%
	增量步长选择	“×1”“×10”“×100”适用于手轮或手动方式

续表

按键	名称	功能
	手轮脉冲控制器	机床手轮操作，顺时针方向为轴向正方向进给，反之为负方向。进给速度以“×1”“×10”“×100”为进给单位：“×1”为一格进给 0.001 mm；“×10”为一格进给 0.01 mm；“×100”为一格进给 0.1 mm
循环启动 进给保持	加工控制键	：在机床自动加工的状态下，按下此键机床自动执行选中的程序
		：在机床自动加工的状态下，按下此键机床暂停程序运行及刀具切削加工，光标停在当前程序段位置。再次按下此键，机床继续加工

3．实际车床面板

参观数控加工生产车间时，仔细观察生产车间使用的是相同的数控车床 FANUC 系统面板吗？用简图画出生产车间数控车床面板。

三、数控车床基本操作

熟练进行开关机、工件与刀具的装夹、对刀、程序输入、程序模拟、机床保养是数控操作工的必备技能。认真学习数控车床的基本操作，并完成下列问题。

1．熟悉工作环境

了解车间与工作区的范围和限制，理解企业对环境、安全、卫生和事故预防的标准。

2．认真阅读数控车间的安全操作规章制度，思考表 1–7 中的图片是否符合安全操作要求，并写出图片中的操作问题和安全操作要求。

表 1–7　　数控车间生产操作图片

图片 1	问题：将卡盘扳手、刀架扳手放置在主轴和刀架上
	安全操作要求：开机前检查机械、液压、气动等操作手柄、阀门、开关等是否处于非工作位置上，检查刀架是否处于非工作位置上；按工艺规程和程序要求装夹、使用刀具，并将辅具放置于安全位置
图片 2	问题：用手直接清理切屑
	安全操作要求：严禁戴手套、围巾、工作牌等操作机床；处理机床切屑时，应用切屑钩或毛刷（严禁用手），机床导轨应用棉纱擦拭干净
图片 3	问题：未穿工作服、戴工作帽，机床设备上和工作柜上工具摆放杂乱
	安全操作要求：必须穿工作服、戴工作帽进入数控车间，衣袖须系紧，以免衣服被卷入机床中。要爱护设备、工具、量具，做到分类合理、摆放整齐、归还及时，并能定期维护、保养
图片 4	问题：机床设备维护、保养不到位
	安全操作要求：加工完毕，清理现场，清扫数控机床，擦净导轨面，涂油防锈，并做好卫生工作

3．写出数控车床的开、关机步骤。

（1）开机步骤

①检查机床和 CNC 系统各部分初始状态是否正常。

②将机床背面系统电源开关旋至“ON”位置，接通机床电源。

③开机后机床屏幕下方闪烁“EX1000 EMERGENCY BUTTON & OVERTRAVEL”报警信息，沿顺时针方向松开机床操作面板上的“紧急停止开关”按钮。打开“机床准备”开关，解除报警。

④打开“控制器电源开关”，NC 系统启动，显示 CRT 屏开机画面。

⑤检查电动机风扇是否正常运转。

（2）关机步骤

①检查操作面板上的循环启动指示灯是否熄灭。

②检查 CNC 机床全部移动部件是否都已经停止运行。

③卸下工件和刀具。

④在“手动”模式下，将刀架轴向移动至参考点附近。

⑤按下“紧急停止开关”按钮。

⑥关闭“控制器电源开关”。

⑦将机床背面电气柜上“系统电源开关”旋至“OFF”位置，机床断电。

4．写出表 1–8 中机床回零的两种方式及操作步骤。

表 1–8　机床回零方式及操作步骤

回零方式	操作步骤
手动回零	先“+X”方向回零，再“+Z”方向回零
自动回零	机床开机后，自动默认机床零点
回零目的：建立机床坐标系	

5．机床坐标系与工件坐标系

（1）机床坐标系的判定原则及判定顺序是什么?

判定原则：右手笛卡儿坐标系判定原则。永远假定刀具相对于静止的工件运动，并规定刀具离开工件表面的方向为坐标轴的正方向。回转运动（主轴运动）及圆周进给轴（A、B、C）旋转运动的正方向根据右手螺旋法则确定。

判定顺序：一般先确定 Z 轴，然后确定 X 轴和 Y 轴。

（2）根据右手定则，标出图 1–7 所示笛卡儿坐标系的 X、Y、Z 三个坐标轴。

+Y

+Z

+X

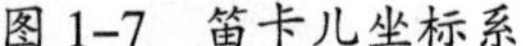

图 1–7　笛卡儿坐标系

（3）画出表 1–9 中数控车床的机床坐标系。

表 1–9　　机床坐标系

机床类型	坐标系	机床类型	坐标系
	+X O +Z		O +Z +X

（4）简述机床坐标系和工件坐标系的定义，并说明两者的区别。

机床坐标系是以机床原点作为坐标原点建立的坐标系，是为了确定工件在机床中的位置、机床运动部件的特殊位置及运动范围（描述机床运动）所产生的数据信息而建立的几何坐标系。

工件坐标系是为了便于尺寸计算与检查，针对某一工件并根据零件图建立的坐标系，其各坐标轴方向与机床坐标系相应坐标轴方向一致。

机床坐标系是机床上固有的坐标系，是用来确定工件坐标系的基本坐标系，是确定刀具（刀架）或工件（工作台）位置的参考系，并建立在机床原点上。工件坐标系是编程人员在编程时所使用的坐标系，其坐标原点位置根据加工图样要求来选择，一般与零件图的尺寸基准一致，其位置可改变。

（5）简述机床参考点和机床原点的定义，并说明两者的区别。

机床参考点是用于对机床运动进行检测和控制的固定位置点。机床参考点的位置是由机床制造厂家在每个进给轴上用限位开关精确调整好的，坐标值已输入数控系统。因此机床参考点对机床原点的坐标是一个已知数，可人为调整设置。

机床原点是指机床坐标系的原点，是机床上的一个固定点，它不仅是在机床上建立工件坐标系的基准点，而且是机床调试和加工时的基准点，一般情况下不允许用户更改。

在数控铣床上机床原点和机床参考点通常是重合的，而在数控车床上机床参考点是离机床原点最远的极限点。

（6）建立工件坐标系的原则有哪些？

应选在零件图的尺寸基准上，以便于坐标值计算；尽量选在尺寸精度高、表面粗糙度低的工件表面；最好在工件的对称中心上；要便于测量和检验。

6．手动操作主要包括手轮进给操作、手动进给操作、MDI 操作、主轴旋转操作等。认真学习教材操作步骤，结合教师演示，完成表 1–10 中手动操作步骤的填写。

表 1–10　　　　手动操作步骤

手动操作项目	操作步骤
手轮进给操作	1. 将“机床功能方式选择”旋钮旋至“手轮”模式，打开坐标显示键 2. 在“轴选择”方式中选中移动轴 3. 在“增量步长选择”中选择相应倍率（“×1”“×10”“×100”） 4. 沿顺时针或逆时针方向旋转手轮脉冲控制器，移动刀具轴向运动（“+”为顺时针正向，“–”为逆时针负向）
手动进给操作	1. 将“机床功能方式选择”旋钮旋至“手动”模式 2. 打开坐标显示键，显示当前刀具坐标位置 3. 在“轴选择”方式中选中相应移动轴 4. 在“手动轴向选择”方式中选择相应方向（+/–）
MDI 操作	1. 将“机床功能方式选择”旋钮旋至“MDI”模式 2. 按按钮，CRT 显示器的左上角显示“程序 MDI”；如显示“程序”界面，则按左下方“MDI”字样对应空白软键 3. 输入要运行的程序段 4. 按机床控制面板上的“循环启动”按钮，系统自动执行程序段
主轴旋转操作	1. 在手轮进给操作或手动进给操作模式下，按机床控制面板上的主轴正转按钮，主轴沿顺时针方向旋转 2. 按主轴停止按钮，主轴停止转动 3. 按主轴反转按钮，主轴沿逆时针方向旋转（开机时，机床状态为静止，必须先在“MDI”模式设定主轴转速，手动模式下主轴旋转功能才有效）

7．零件的程序编辑和加工离不开零件坐标系零点的设置。建立零件坐标系零点由对刀操作完成。认真学习教材，结合教师操作示范，回答以下问题。

（1）数控刀具通常由四部分组成，写出图 1–8 所示数控刀具各组成部分的名称。

（2）写出将数控刀具安装在刀架上的操作步骤及注意事项。

操作步骤：操作“刀库正转或反转”按钮 ，将刀架的当前装夹位置旋转至操作者需要的刀具号位置，擦净刀具和刀架；将车刀位置放正，车刀不能伸出刀架太长，大于工件的切削深度即可，一般车刀伸出的长度不超过刀杆高度的 2 倍；车刀刀尖应与工件中心线等高，尽可能用厚垫片以减少片数，一般用 2 ~ 3 片，并使各垫片位于刀杆正下方，前端与刀座边缘对齐；车刀安装完成后，要紧固刀架螺钉，最少紧固 2 个螺钉，紧固时，应轮换交替拧紧，要使用专用扳手紧固，不可加套管等，以免使螺钉受力过大而损伤。

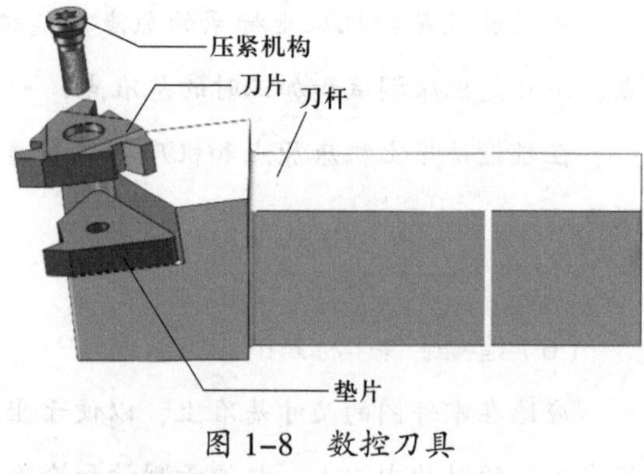

图 1–8　数控刀具

注意事项：安装前要保证刀杆及刀片定位面清洁、无损伤；将刀杆安装在刀架上时，应保证刀杆方向正确；安装刀具时要保证刀尖与主轴的回转中心等高。

（3）实际生产中，数控车削大多采用手动对刀，其基本方法有哪些？结合车间加工环境条件，加工齿轮箱定位台阶轴应采用哪种对刀方法？为什么？

实际生产中，数控车削大多采用手动对刀，其基本方法有定位对刀法、光学对刀法、试切对刀法、碰刀对刀法等。

加工齿轮箱定位台阶轴时应采用试切对刀法，因加工产品是毛坯，通过试切端面和外圆，不仅可以修整待加工面，保证表面粗糙度，同时还可以目测对刀效果以保证更加准确和可靠的对刀结果。

（4）数控车床对刀操作主要步骤包括移动、测量、设置，写出表 1–11 中试切法对刀的操作步骤。

表 1–11　　试切法对刀的操作步骤

操作内容	操作步骤
Z 轴 零点位置确定	1. 在“手轮”方式下，打开“主轴正转” 2. 操作手轮，移动外圆刀具完成毛坯端面车削，当前端面即 *Z* 轴零平面 3. 按“参数设置”键，进入“刀补”软键中“形状补正”界面 4. 选中“001”号刀补位置，光标移至“001 号 Z 轴”处，输入“Z0.0”，并按“测量”按钮。此时光标处显示的数值即为刀具当前位置 *Z* 轴零点在机床坐标系中的机械坐标值 5. 操作手轮，移动外圆刀具“+Z”向退刀，并使主轴停转
X 轴 零点位置确定	1. 在“手轮”方式下，打开“主轴正转” 2. 操作手轮，移动外圆车刀切削毛坯外圆，其外圆面中心线即 *X* 轴零点 3. 操作手轮，沿“+Z”向移动刀具退出毛坯，并使主轴停转 4. 用千分尺测量切削外圆直径，记下直径值 5. 按“参数设置”键，进入“刀补”软键中“形状补正”界面 6. 选中“001”号刀补位置，光标移至“001 号 X 轴”处，输入所测 *X* 轴直径值“X”，并按“测量”按钮。此时光标处显示的数值即刀具当前位置 *X* 轴零点在机床坐标系中的机械坐标值

（5）刀具补正一般分为哪几类？它们各自的用途是什么？

刀具补正可分为刀具几何补正和刀尖圆弧半径补正，其中刀具几何补正可分为刀具几何位置（形状）补正和磨耗（磨损）补正。

刀具几何位置（形状）补正是补正刀具形状和刀具安装位置相对于编程时理想刀具或基准刀具的偏移（多用于对刀建立工件坐标系操作）；刀具磨耗（磨损）补正则是用于补正当刀具使用磨损后，刀尖相对于原始尺寸产生的刀具偏移（多用于控制零件加工尺寸误差和补正刀具磨损值）。在车削加工中车削工件内、外圆柱面和端面时，刀尖圆弧不影响加工尺寸和形状，但转角处的尖角无法车出。在车圆锥面或圆弧面时，会造成过切或少切，因此有必要采用刀尖圆弧半径补正来消除误差。

8．程序的编辑与校验

（1）程序的建立、删除、修改、调用等操作通常通过手动数据输入单元输入数控系统。填写表 1–12。

表 1–12　　程序编辑内容、操作步骤及注意事项

程序编辑内容	操作步骤	注意事项
建立新程序 （O××××）	1. 将“机床功能方式选择”旋钮旋至“编辑”模式 2. 按“PROG”功能键 PROG，显示屏进入编辑界面 3. 输入程序名“O××××” 4. 按插入键 INSERT，程序名“O××××”被输入 5. 按 EOB_E 键，再按 INSERT 键，结束符“；”被输入，即可进行新程序内容的输入	系统中一个程序名只能使用一次
程序的调用	1. 将“机床功能方式选择”旋钮旋至“编辑”模式 2. 按“PROG”功能键 PROG，显示屏进入编辑界面列表模式 3. 输入程序名“O××××”（如 O0001） 4. 按 ↓ 键，即可完成程序 O0001 的调用	
程序的删除	1. 将“机床功能方式选择”旋钮旋至“编辑 ”模式 2. 按“PROG”功能键 PROG，显示屏进入编辑界面列表模式 3. 输入程序名“O××××”（如 O0001） 4. 按删除键 DELETE，即可完成程序 O0001 的删除	如果输入 0 ~ 9999 后按删除键 DELETE，可以删除存储器中所有程序

（2）将表 1–13 中所列零件加工程序输入数控系统，并完成以下操作：检验输入的程序是否正确；将 S600 替换为 S500；删除 G18。

表 1–13　　零件加工程序

程序	程序
O0001；	X47.0 Z–0.5；
G98 G40 G21 G90 G18；	Z–20.0；
G00 X100.0 Z100.0；	X50.0；
M03 S600 T0101；	Z–40.0；
G00 X52.0 Z2.0；	X52.0；
X46.0；	G00 X100.0 Z100.0；
G01 Z0.0 F100；	M30；

①写出图形显示功能校验程序的操作步骤。

将“机床功能方式选择”旋钮旋至“自动”模式；按图形画面显示键 CUSTOM GRAPH，出现图形显示画面；依次完成各项参数的设定；按“图形”屏幕软键；按“循环启动”按钮，机床开始移动，在屏幕上显示出刀具的运行轨迹（个别机床因系统设置原因，为保证图形校验时机床主轴锁住不动，还需按“机床锁住”键和“空运行”键）。

②写出将 S600 替换为 S500 的操作步骤。

将“机床功能方式选择”旋钮旋至“编辑”模式，按“PROG”功能键 PROG，调出 O0001 程序，利用下移光标键 ↓ 找到“S600”处，光标停在该位置上，输入“S500”，按替换键 ALERT，完成程序的替换。

③写出删除键和取消键的名称，并说明其作用有什么不同。

删除键 DELETE，可以删除已经输入的字符、单个程序或整个系统中的程序；取消键 CAN，可以取消正在输入的字符。

四、数控刀具、工具的保养及整理要求

1．简述数控刀具的保养方法。

将刀具及其各部件擦拭干净；选择合适的防锈油，涂油防锈（如果长期不用，可以涂抹黄油，用中性包装纸包裹并保持室内干燥）；将保养、包装好的刀具和刀片分类放置，严禁将刀具不加任何包装堆放在一起；注意防止碰撞。

2．简述数控刀具和工具在车间的放置要求。

数控刀具放置要求：保证放置刀具的工具柜干净；不同类型的刀具放置在指定位置；刀具与刀具之间有适当距离，避免碰撞。

工具在车间放置要求：将刀架、卡盘扳手正确放置于工具柜指定位置，不可与刀具、量具等发生碰撞；将各类测量仪器放于工具柜指定位置；毛刷等物品放于工具柜内；扫把、拖把、切削液存放桶等放于车间工具房指定位置，严禁使用后放于车间设备旁。

五、数控车床的日常维护和保养

对数控车床进行预防性的保养和定期检查可延长元器件的使用寿命和机械部件的磨损周期，保证数控车床长时间稳定工作。

1．数控车床的日常维护及保养要求是什么？

每天做好各导轨面的清洁、润滑，有自动润滑系统的机床要定期检查、清洗自动润滑系统，检查油量，及时添加润滑油，检查油泵是否定时启动注油及停止。每天检查主轴箱自动润滑系统工作是否正常，定期更换主轴箱润滑油。注意检查电气柜中冷却风扇工作是否正常，风道过滤网有无堵塞，定期清洗风扇上附着的尘土。注意检查冷却系统，检查切削液液面高度，及时添加切削液，切削液不干净时要更换。注意检查机床液压系统油箱、油泵有无异常噪声，工作液液面高度是否合适，压力表指示是否正常，管路及各接头有无泄漏。注意检查导轨、机床防护罩是否齐全有效。每天下班前做好机床的清扫工作，清扫切屑，擦净导轨部位的切削液，防止导轨生锈。

2．数控车床的周维护及保养要求是什么?

擦拭机床的外表及附件，达到整体清洁、无锈蚀。检查并补齐螺钉、螺母，检查油杯有无松动。检查主轴系统及各定位螺钉有无松动。检查工作台及导轨面，去除毛刺和锈迹，并涂油防护。检查各传动机构动作是否正常。检查电气过滤网，清洗附着的尘土。检查油质、油量、油位是否符合要求。

3．数控车床的月维护及保养要求是什么?

擦拭机床的外表及附件，达到整体清洁、无锈蚀。检查并补齐螺钉、螺母，检查油杯有无松动。检查主轴系统及各定位螺钉有无松动。检查工作台及导轨面，去除毛刺。检查各传动机构动作是否正常。检查丝杠、螺母及调整间隙。检查刀架、主轴及刀库运动是否准确可靠。检查过滤器、冷却泵、冷却箱的管路、阀门是否畅通且无泄漏，清洗附着的尘土。检查油质、油量、油位是否符合要求。检查排屑器是否有卡住现象。

4．数控车床的年维护及保养要求是什么?

完成月保养的各项内容（按一级保养要求）。检查、调整各传动零部件，修复或更换磨损件。检查导轨面，要求无油污、无毛刺，整修伤痕并调整间隙。检查、调整刀架主轴及传动齿轮啮合间隙。检查、调整平衡装置及安全装置，使其安全可靠。清洗换油，排除泄漏。检查调整液压系统、气动系统及润滑系统，修复或更换磨损件。更换油线、油毡，修复润滑装置，达到油窗清晰、油路畅通、装置安全的要求。检修电气控制系统，拆检电动机，达到整体整洁、安全可靠的要求。

学习活动 2　齿轮箱定位台阶轴车削加工指令

学习目标

1. 能叙述常用系统功能指令的名称及其作用。
2. 能根据零件图，写出各基点的绝对坐标值。
3. 能写出 G00、G01、G90、G71、G70 等指令格式及其参数的含义。
4. 能根据零件图，正确选用编程加工指令。

建议学时：4 学时。

学习过程

一、编程方法及数控车床编程常用系统功能指令

1．常用的编程方法有几种？各有什么特点？分别有利于哪类零件的加工？

数控编程一般分为手工编程和自动编程两种。

手工编程比较简单，容易掌握，适应性较强，适用于编写点位加工或几何形状不太复杂的零件的加工程序，或程序坐标计算较为简单、程序段不多、程序编制易于实现的场合。

自动编程充分发挥了计算机快速运算和存储的功能，其特点是采用简单、习惯的语言对加工对象的几何形状、加工工艺、切削参数及辅助信息等内容按规则进行描述，再由计算机自动地进行数值计算、刀具中心运动轨迹计算、后置处理，自动生成零件加工程序，并对加工过程进行模拟。自动编程的效率高，可靠性好，解决了手工编程无法解决的复杂零件的编程难题。它适用于编写形状复杂，具有非圆曲线轮廓、三维曲面等零件的加工程序或零件程序编制工作量大，或需要进行复杂工艺处理的零件。采用自动编程方法时，程序编制人可及时检查程序是否正确，并及时修改。

2．数控车床编程常用系统功能指令有哪几种？它们在数控系统中的作用是什么？

数控系统常用功能指令有准备功能、辅助功能、刀具功能、主轴功能、进给功能、坐标功能等。

准备功能，也称 G 功能或 G 指令，它主要是刀具或工件进给运动的指令或准备运动的指令。

辅助功能，也称 M 功能或 M 指令，它主要控制主轴启动和停止、切削液开关、程序结束等辅助动作。

刀具功能，也称 T 功能，是系统进行选刀或换刀的功能指令。

主轴功能，也称 S 功能，用来控制主轴的转速。

进给功能，用来指定进给运动的速度或螺纹的导程。

坐标功能，也称尺寸功能，用来设定机床各坐标的位移量或刀具运动的位置值。

二、车削编程指令

1．通过查阅 FANUC 系统指令表，完成表 1–14 中常用指令的功能和单位填写。

表 1–14　数控系统常用指令的功能和单位

指令名称	功能	单位
G98	每分钟进给	mm/min
G99	每转进给	mm/r
G20	英制输入	in
G21	米制输入	mm
G40	刀补取消	/
G90	绝对编程	/
G91	增量（相对）编程	/
M03	主轴正转	/
M04	主轴反转	/
M05	主轴停止	/
M30	程序结束	/

2．根据图 1–9 所示坐标平面，在表 1–15 中写出坐标平面相应指令名称和用于哪种数控加工设备。

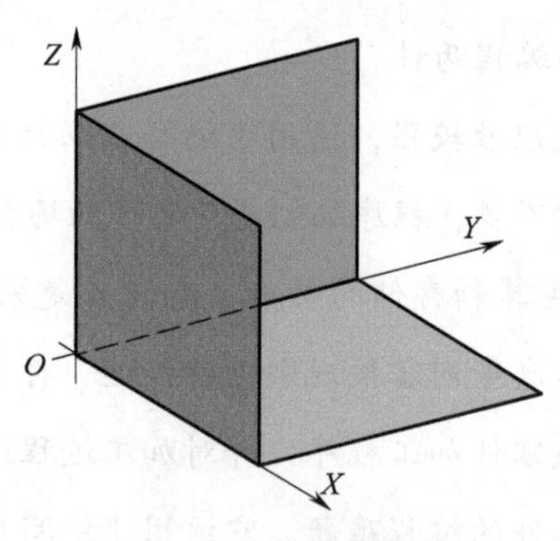

图 1–9　坐标平面

表 1–15　坐标平面相应指令名称和所用数控加工设备名称

坐标平面	指令名称	数控加工设备名称
XY	G17	立式数控铣床
XZ	G18	卧式数控车床
YZ	G19	卧式数控铣床

3．通过对快速定位指令 G00 和直线插补指令 G01 的学习，完成表 1–16 的填写。

表 1–16 快速定位指令 G00 与直线插补指令 G01

指令	G00	G01
指令格式	G00 X（U）__Z（W）__；	G01 X（U）__Z（W）__F__；
进给速度	机床参数设定	程序段指定
运动轨迹	折线或直线	直线
应用	定位	切削加工

4．如图 1–10 所示，根据给定刀具加工路线：刀具起点（80，80）→ *A* → *B* → *C* → *D* → *E* →刀具起点，已知切削进给速度 *F* 为 50 mm/min，完成下列问题。

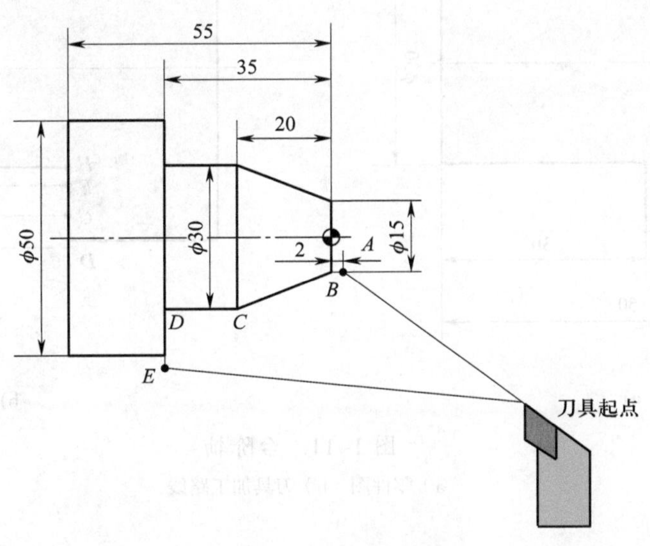

图 1–10 刀具加工路线

（1）根据图 1–10 所示坐标系原点，写出各基点绝对坐标值。

A（15，2）、*B*（15，0）、*C*（30，–20）、*D*（30，–35）、*E*（52，–35）

（2）完成表 1–17 的填写。

表 1–17　　刀具加工路线程序段

刀具加工路线	程序段
刀具起点→*A*	G00 X15.0 Z2.0；
A→*B*	G01 X15.0 Z0.0 F50；
B→*C*	G01 X30.0 Z–20.0 F50；
C→*D*	G01 X30.0 Z–35.0 F50；
D→*E*	G01 X52.0 Z–35.0 F50；
E→刀具起点	G00 X80.0 Z80.0；

5．仔细观察图 1–11 所示台阶轴零件图和刀具加工路线，根据要求回答问题。

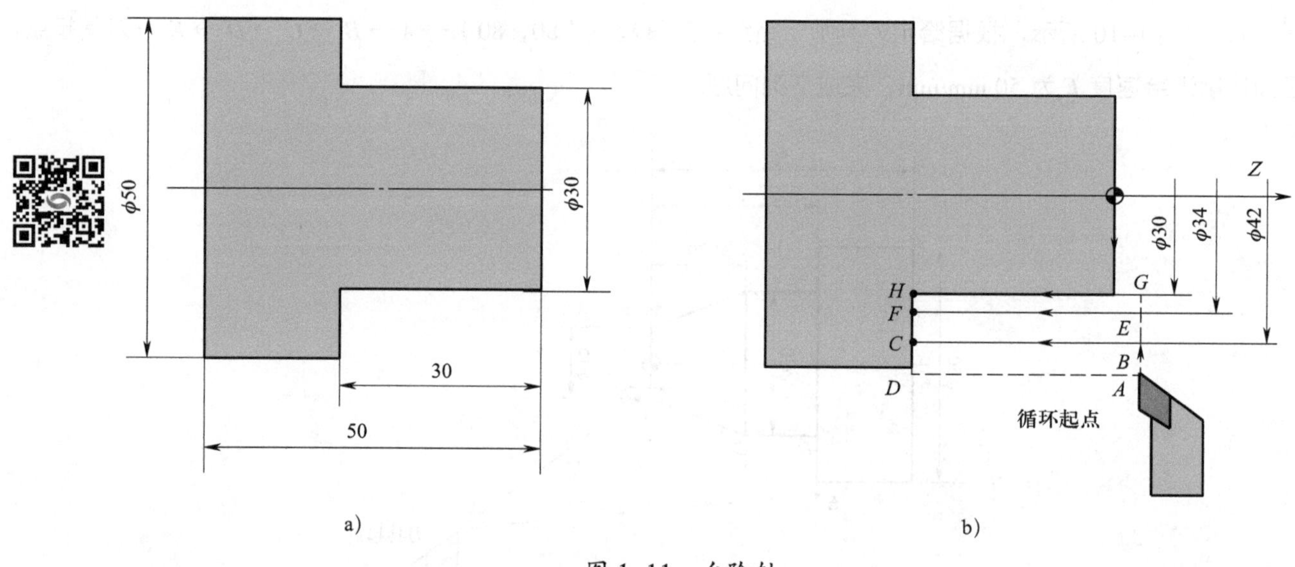

图 1–11　台阶轴

a）零件图　b）刀具加工路线

（1）根据加工图形和刀具路线设计要求，该轮廓可采用什么指令编程？写出该指令的格式及其各参数含义。

该轮廓可采用单一内外圆固定循环指令 G90 编程。

指令格式为 G90 X（U）__ Z（W）__ R__ F__；

X、Z——切削目标点坐标的绝对值。

U、W——切削目标点坐标的相对值。

R——切削起点与圆锥的切削终点（目标点）的半径值，根据情况有正负之分。

F——切削进给速度。

（2）图 1–11b 所示刀具加工路线图中 A 点坐标一般取什么数值？为什么？

加工路线中 A 点坐标一般取毛坯外 1 ~ 2 mm 处（X 向和 Z 向），便于最短刀具加工路线的进、退刀和排屑，减小空走刀距离，提高加工效率。

（3）采用 G90 绝对编程指令，按要求完成表 1–18 中程序段的填写。

表 1–18　台阶轴刀具加工路线程序段

刀具加工路线	程序段
ϕ42 mm 圆柱体（$A \rightarrow B \rightarrow C \rightarrow D \rightarrow A$）	G90 X42.0 Z–30.0 F100；
ϕ34 mm 圆柱体（$A \rightarrow E \rightarrow F \rightarrow D \rightarrow A$）	G90 X34.0 Z–30.0 F100；
ϕ30 mm 圆柱体（$A \rightarrow G \rightarrow H \rightarrow D \rightarrow A$）	G90 X30.0 Z–30.0 F100；

6．仔细观察图 1–12 所示圆锥面零件图和刀具加工路线，根据要求回答问题。

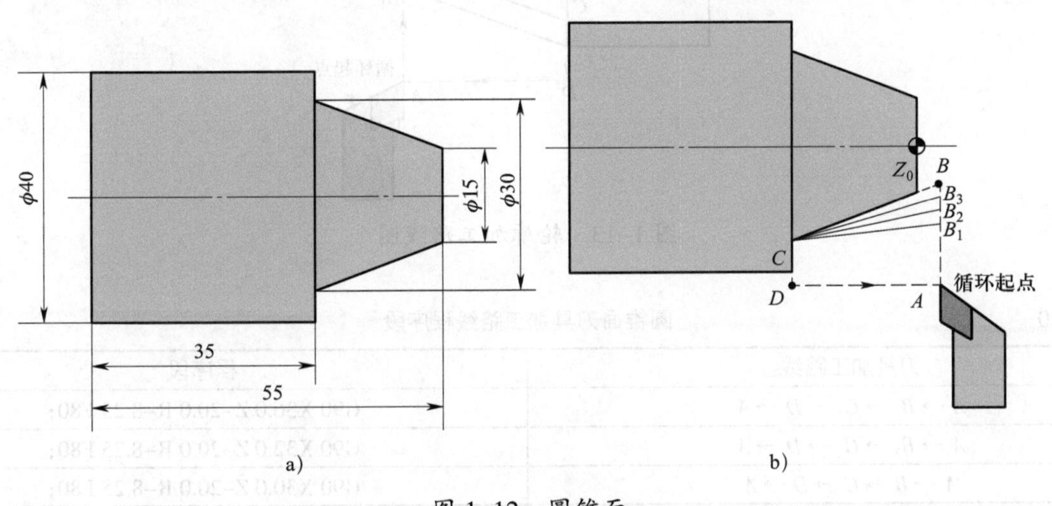

图 1–12　圆锥面

a）零件图　b）刀具加工路线

（1）根据加工图形和刀具路线设计要求，该轮廓可采用什么指令编程？

根据加工图形和刀具路线设计要求，该轮廓可采用 G90 指令编程。

（2）计算出刀具加工路线中 B 点的坐标，并说明为什么将圆锥面起点置于 B 点而非 Z_0 处。

B 点坐标为（13.5，2），在延长线上取加工锥面的起点是为了更好地保证锥度的准确性。

（3）采用 G90 绝对编程指令，按要求完成表 1–19 中程序段填写。

表 1–19　　圆锥面刀具加工路线程序段

刀具加工路线	程序段
$A \rightarrow B_1 \rightarrow C \rightarrow D$	G90 X30.0 Z–20.0 R–2.0 F80；
$A \rightarrow B_2 \rightarrow C \rightarrow D$	G90 X30.0 Z–20.0 R–4.0 F80；
$A \rightarrow B_3 \rightarrow C \rightarrow D$	G90 X30.0 Z–20.0 R–6.0 F80；
$A \rightarrow B \rightarrow C \rightarrow D$	G90 X30.0 Z–20.0 R–8.25 F80；

（4）若采用 G90 循环指令的另一种编程方式加工圆锥面，在图 1–13 中绘制出轮廓加工路线并完成表 1–20 中程序段的填写。

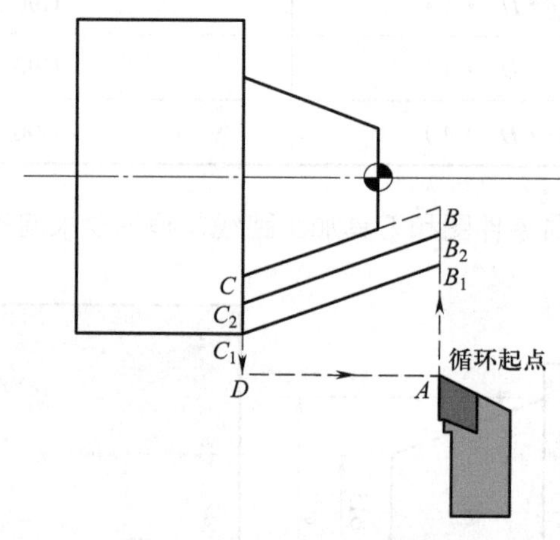

图 1–13　轮廓加工路线图

表 1–20　　圆锥面刀具加工路线程序段

刀具加工路线	程序段
$A \rightarrow B_1 \rightarrow C_1 \rightarrow D \rightarrow A$	G90 X36.0 Z–20.0 R–8.25 F80；
$A \rightarrow B_2 \rightarrow C_2 \rightarrow D \rightarrow A$	G90 X32.0 Z–20.0 R–8.25 F80；
$A \rightarrow B \rightarrow C \rightarrow D \rightarrow A$	G90 X30.0 Z–20.0 R–8.25 F80；

7．写出粗车循环 G71 指令和精车循环 G70 指令的格式及其各参数的含义。

G71 U（Δd）R（e）；

G71 P（ns）Q（nf）U（Δu）W（Δw）F__S__T__ ；

Δd——X 向背吃刀量，半径量，不带正负号。

e——粗加工每次车削循环的 X 向退刀量，无符号。

ns——精加工程序的第一个程序段的段号。

nf——精加工程序的最后一个程序段的段号。

Δu——X 向精加工余量（直径量）。

Δw——Z 向精加工余量。

F、S、T——粗加工循环中的进给速度、主轴转速与刀具功能。

G70 P（ns）Q（nf）；

ns——精加工程序的第一个程序段的段号。

nf——精加工程序的最后一个程序段的段号。

8．简述 G71 指令适用加工的零件类型及其编程注意点。

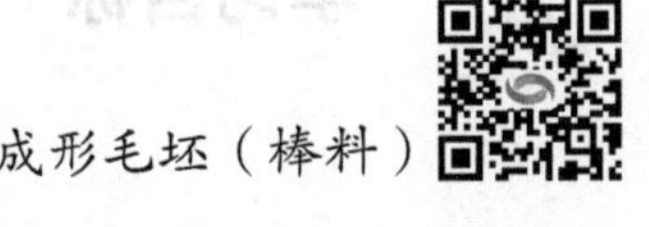

G71 指令主要用于对径向尺寸要求高、轴向切削尺寸大于径向切削尺寸的非成形毛坯（棒料）的成形粗加工。

G71 指令只能用于单调递增型或单调递减型轮廓加工。编程时，X 向精车余量取值一般大于 Z 向精车余量的取值；精加工程序段 ns 必须沿 X 向进刀，只能出现 X 向坐标值，不然会出现程序报警；程序段中的精加工余量 Δu、Δw 值按余量方向有正负之分。

9．用 G71、G70 指令编写图 1–12a 所示圆锥面的加工程序，完成表 1–21 的填写。

表 1–21　　G71、G70 指令加工圆锥面程序段

程序段	注释
O0001；	程序名
G98 G40 G21；	程序初始化
T0101；	选用 1 号刀具 1 号刀补
M03 S800；	主轴正转，转速为 800 r/min
G00 X42.0 Z2.0；	快速定位至循环起点 A
G71 U1.0 R0.3；	粗车循环指令
G71 P1.0 Q2.0 U0.1 F100；	粗车循环指令
N1 G00 X15.0；	精加工起始段，快速定位至轮廓起点 X 坐标处
G01 Z0.0 F50；	切削加工至轮廓起点
X30.0 Z–20.0；	切削加工至轮廓点 C
N2 G00 X42.0；	退刀至轮廓点 D
G70 P1.0 Q2.0；	精车循环
G00 X100.0 Z100.0；	快速退刀至中间点
M30；	程序结束并返回

学习活动3　齿轮箱定位台阶轴的工艺分析与编程

学习目标

1. 能阅读生产任务单，明确工作任务，通过小组讨论，共同制订合理的加工工作进度计划。

2. 能借助技术手册，查阅零件毛坯的材料牌号、几何公差和切削用量等知识，理解技术手册在生产中的重要性。

3. 能根据任务书、零件图加工要求，通过查阅数控加工工艺学，分析并制定零件的数控加工工艺，选择正确的车削加工方法，并理解产品加工工艺在生产中的重要性。

4. 能根据加工工艺、零件材料和零件形状特征等要求，查阅技术手册，合理选择刀具及切削用量，理解刀具的选择在产品加工中的重要性。

5. 能确定零件加工基准并制定齿轮箱定位台阶轴的数控加工工艺，填写加工工序卡。

6. 能正确选用车削指令，编写齿轮箱定位台阶轴数控车加工程序。

建议学时：4学时。

学习过程

一、阅读生产任务单（表 1–22）

表 1–22 齿轮箱定位台阶轴生产任务单

单位名称				完成时间	年 月 日	
序号	产品名称	材料	生产数量	技术标准、质量要求		
1	齿轮箱定位台阶轴	45 钢	30	按图样要求		
2						
3						
检测批准时间		年 月 日	批准人			
通知任务时间		年 月 日	发单人			
接单时间		年 月 日	接单人		生产班组	检测组

注：生产任务单与零件图等一起领取。

阅读表 1–22 齿轮箱定位台阶轴生产任务单，借助技术手册，查阅产品的生产材料牌号、用途及性能，并回答下列问题。

1．本任务所加工的零件采用的是哪种材料？其牌号表示什么含义？其切削加工性能怎样？有无热处理和硬度要求？

本任务所加工的零件采用 45 钢（优质碳素钢）。45 钢的国家标准牌号是 45，其中碳质量分数为 0.42% ~ 0.50%，Si 质量分数为 0.17% ~ 0.37%，Mn 质量分数为 0.50% ~ 0.80%，Cr 质量分数≤ 0.25%。国家标准《优质碳素结构钢》(GB/T 699—2015）规定 45 钢的抗拉强度为 600 MPa，屈服强度为 355 MPa，伸长率为 16%，断面收缩率为 40%，冲击功为 39 J。

45 钢具有较高的强度和硬度，其塑性和韧性随碳质量分数的增加而降低，切削性能良好。本任务中 45 钢在使用前可经调质处理，以获得较好的综合力学性能。

2．45 钢具有哪些特性和用途？

45 钢具有较高的强度和较好的切削加工性，其力学性能好，广泛用于轴类零件加工，特别是那些在交变载荷下工作的连杆、螺栓、齿轮及轴等。

3．回转轴零件有哪些用途?

回转轴零件的主要用途是支承回转零件及传递运动和动力。它在机械中主要用于支承齿轮、带轮、凸轮以及连杆等传动件，以传递转矩和承受载荷。

4．本生产任务工期为 5 天，请根据任务要求，制订合理的工作进度计划，并根据小组成员的特点进行分工，完成表 1–23 的填写。

表 1–23　　工作进度计划表

序号	工作内容	时间	成员	负责人
1	工艺分析			
2	编制程序			
3	程序检验与试切削调试			
4	车削加工			
5	成品检验与质量分析			

二、根据零件图，制定数控加工工序卡

1．识读齿轮箱定位台阶轴零件图

（1）分析零件图，明确加工内容（表面）及加工要求（偏差范围）。填写表 1–24，为制定加工工序做准备。

表 1–24　　零件的加工内容及加工要求

序号	加工内容（表面）	加工要求（偏差范围）
1	ϕ25 mm	$^{0}_{-0.021}$ mm
2	ϕ32 mm	$^{0}_{-0.025}$ mm
3	ϕ20 mm	$^{0}_{-0.21}$ mm
4	ϕ28 mm	$^{0}_{-0.021}$ mm
5	15 mm	$^{+0.09}_{-0.09}$ mm
6	15 mm	$^{+0.05}_{0}$ mm
7	30 mm	$^{+0.05}_{0}$ mm
8	55 mm	$^{+0.1}_{-0.1}$ mm
9	*$\phi25^{0}_{-0.021}$ mm 圆柱面中心线与 $\phi32^{0}_{-0.025}$ mm 圆柱左端面的轴向圆跳动*	0.015 mm
10	*$\phi25^{0}_{-0.021}$ mm 圆柱轴线与 $\phi28^{0}_{-0.021}$ mm 圆柱中心线同轴度*	ϕ0.02 mm

（2）通过分析零件图，明确加工表面基准，确定零件加工的工件坐标系原点（图示说明），为选择合理的对刀方法做准备。

O_1 为左端面轮廓编程工件坐标系原点，O_2 为右端面轮廓编程工件坐标系原点。

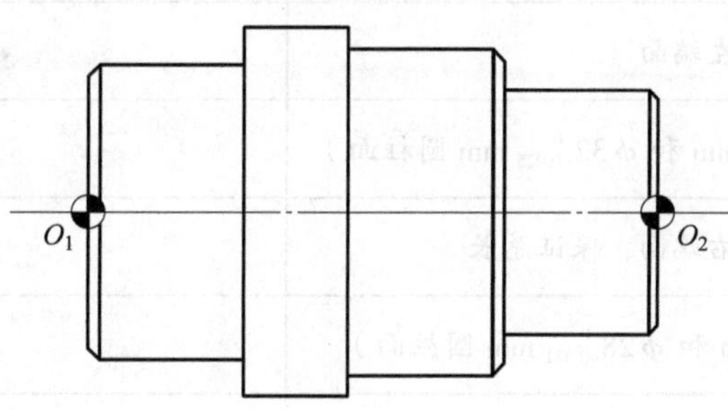

（3）如图 1–1 所示的符号 [A] 表示设计时在图样上所选定的基准，称为设计基准。查阅技术手册或咨询班组长等专业技术人员，解释基准符号所代表的含义。

基准符号由一个基准方框和一个涂黑的基准三角形，用细实线连接而成，在基准方格内标注表示基准的字母。

（4）图 1–1 中除包含基本的尺寸信息外，还包含了径向圆跳动和同轴度几何公差信息，查阅技术手册或咨询班组长等专业技术人员，说明几何公差符号 | ↗ | 0.015 | A | 和 | ◎ | ϕ0.02 | A | 的含义。

“↗”表示圆跳动符号，是指被测要素绕基准轴线回转一周时，由位置固定的指示器在给定方向上测得的最大读数差。| ↗ | 0.015 | A |表示 $\phi 32_{-0.025}^{\ 0}$ mm 圆柱左端面应位于圆心在基准轴线 A 上且沿母线方向宽度为 0.015 mm 的圆柱面区域内。

“◎”表示同轴度符号，是指被测轴线相对基准轴线位置的变化量，用来控制理论上应同轴的被测轴线与基准轴线的不同轴程度。| ◎ | ϕ0.02 | A |表示 $\phi 28_{-0.021}^{\ 0}$ mm 圆柱面中心线应位于直径为 0.02 mm 且与基准 A 同心的圆柱内。

2．加工方案的确定

（1）零件生产加工过程中，应采用怎样的装夹方案来保证零件图中的几何公差要求（可画出装夹方案草图）？

夹住毛坯右端，保证零件伸出长度（可加工至 $\phi 25_{-0.021}^{\ 0}$ mm 和 $\phi 32_{-0.025}^{\ 0}$ mm 圆柱面），加工左端轮廓；掉头，垫铜皮装夹 $\phi 25_{-0.021}^{\ 0}$ mm 圆柱面，可用百分表调整直线度，保证工件装夹的同轴度要求，加工右端轮廓。

（2）结合零件的加工要求和结构特点，确定加工顺序及加工方法，完成表 1–25 的填写。

表 1–25　零件加工顺序及加工方法

序号	加工顺序	加工方法
1	车左端面	手动车平端面
2	车左端轮廓（$\phi 25_{-0.021}^{\ 0}$ mm 和 $\phi 32_{-0.025}^{\ 0}$ mm 圆柱面）	粗、精加工
3	掉头装夹，车右端面，保证总长	手动切削
4	车右端轮廓（ϕ20 mm 和 $\phi 28_{-0.021}^{\ 0}$ mm 圆柱面）	粗、精加工

3．刀具的选择

（1）根据零件图，所选刀具类型和参数应与被加工工件的表面尺寸、形状等相适应。在图 1–14 所示的刀具中选择合适的数控外轮廓车刀，并完成表 1–26 的填写。

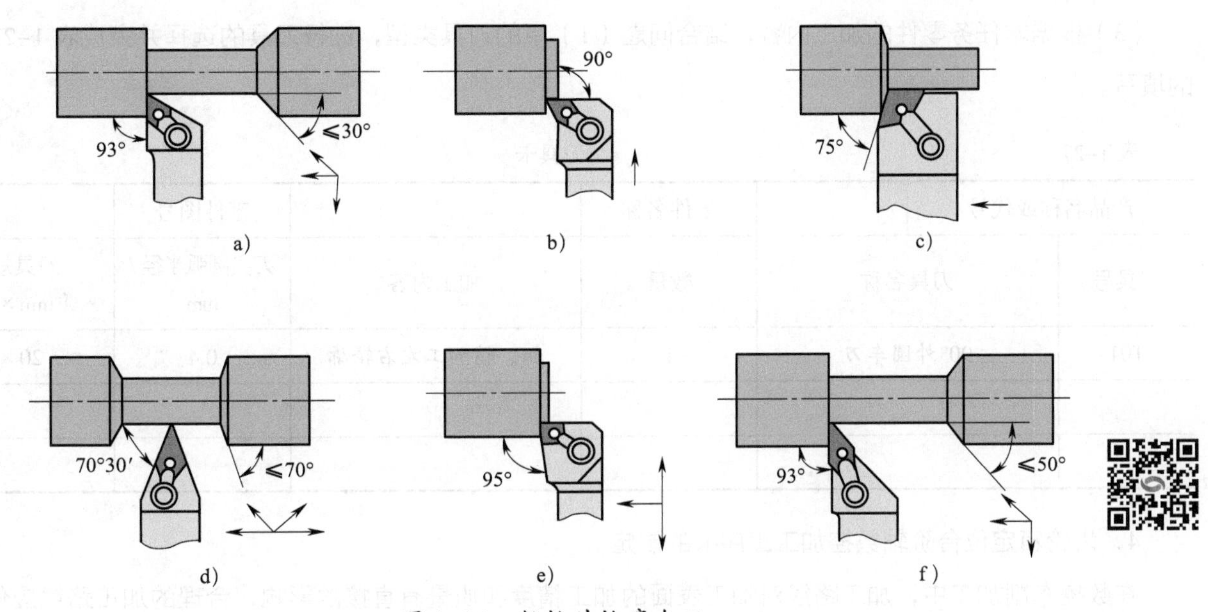

图 1–14　数控外轮廓车刀

表 1–26　　数控外轮廓车刀类型

序号	名称	常用刀尖圆弧半径 /mm	适用加工零件类型
a	93°外圆车刀（刀尖角≤60°）	0.2、0.4、0.8	回转类递增型轮廓、U 形浅槽加工
b	105°外圆车刀	0.2、0.4、0.8	回转类递增型轮廓、端面切削加工
c	75°外圆车刀	0.2、0.4、0.8	含 75°的圆锥面或倒角轮廓
d	70° 30′外圆车刀	0.2、0.4、0.8	回转类递增型轮廓、U 形浅槽加工或凹凸形外圆轮廓
e	95°外圆车刀	0.2、0.4、0.8	回转类递增型轮廓、端面切削加工
f	93°外圆车刀（刀尖角≤40°）	0.2、0.4、0.8	回转类递增型轮廓、U 形浅槽加工或凹凸形外圆轮廓

（2）粗、精加工台阶轴时，数控车刀一般选择多大的刀尖圆弧半径？为什么？

一般在粗、精加工中，根据零件加工精度要求选择刀尖圆弧半径为 0.2 mm 或 0.4 mm 的刀具。车刀的刀尖圆弧，也称过渡切削刃。刀尖圆弧半径越大，精加工接触面积越大，越容易散热和排屑，越耐磨且不易崩刃，越不易发生振刀，刀尖圆弧半径在满足切削要求合适的范围内越大越好，但刀尖圆弧半径过大，径向力也增大，因此刀尖圆弧半径的大小有一定限度。

（3）根据本任务零件的加工内容，结合问题（1）中的刀具类型，进行刀具的选择并完成表 1–27 刀具卡的填写。

表 1–27 刀具卡

产品名称或代号		零件名称		零件图号	
刀具号	刀具名称	数量	加工内容	刀尖圆弧半径 / mm	刀具规格 /（mm × mm）
T01	90° 外圆车刀	1	粗、精加工左右轮廓	0.4	20 × 20

4．齿轮箱定位台阶轴数控加工工序卡的制定

在数控车削加工中，加工路线对加工表面的加工精度和质量有直接的影响，合理的加工路线应保证零件轮廓光滑，且能够避免加工表面产生刀痕。

（1）查阅资料，列出加工路线的确定原则。

在数控车床加工中，加工路线的确定一般要遵循以下几个原则：

①保证被加工工件的精度和表面粗糙度。

②使加工路线最短，减少空行程时间，提高加工效率。

③进、退刀位置应选在不重要的位置，并使刀具尽量沿切线方向进、退刀，避免法向进、退刀或进给中途停顿而产生刀痕。

④尽量减少数值计算的工作量，简化加工程序。

（2）绘制出零件左、右端外轮廓表面精加工路线，并标出刀具进给方向及进、退刀点。

左、右端轮廓的加工开始和加工结束的进、退刀点为毛坯外（*X*/*Z*）1 ~ 2 mm 处，精加工路线刀具进给方向为由右向左。

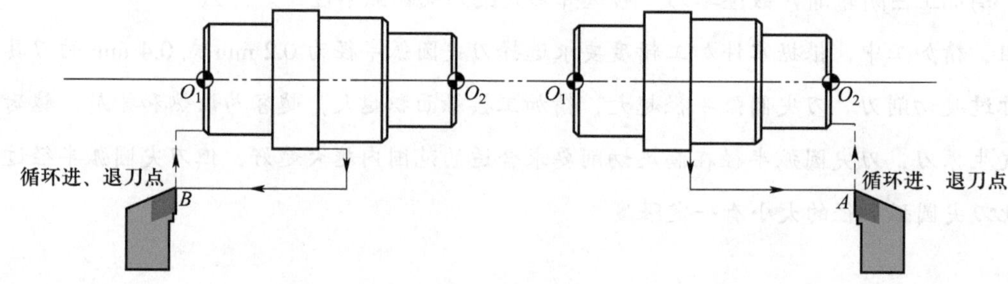

（3）根据以上工作，结合技术手册，常用硬质合金车刀切削用量可参考表 1–28，小组讨论（或独立）制定本任务零件数控加工工序，并完成表 1–29 数控加工工序卡的填写。

表 1–28　　常用硬质合金车刀切削用量

工件材料	硬度	刀具材料：YT5					
		粗车	v_c /（m/min）	半精车	v_c /（m/min）	精车	v_c /（m/min）
碳素钢、合金结构钢	150 ~ 200HB	a_p=6.5 ~ 10 mm f=0.7 ~ 1 mm/r	60 ~ 75	a_p=2.5 ~ 6 mm f=0.35 ~ 0.65 mm/r	90 ~ 110	a_p=0.3 ~ 2 mm f=0.1 ~ 0.3 mm/r	120 ~ 150
	200 ~ 250HB		50 ~ 65		80 ~ 100		110 ~ 130
	250 ~ 325HB		60 ~ 80		60 ~ 80		75 ~ 90
	325 ~ 400HB		40 ~ 60		40 ~ 60		60 ~ 80

表 1–29　　数控加工工序卡

单位名称		产品名称或代号		零件名称		零件图号	
工序号	程序编号	夹具名称		使用设备		车间	
工步号	工步内容	刀具号	刀具规格 /（mm × mm）	主轴转速 /（r/min）	进给速度 /（mm/min）	背吃刀量 / mm	备注
1	车端面	T01	20 × 20	500	手轮	0.2	
2	粗车左端 $\phi 25_{-0.021}^{0}$ mm 和 $\phi 32_{-0.025}^{0}$ mm 圆柱面	T01	20 × 20	800	100	1	
3	精车左端 $\phi 25_{-0.021}^{0}$ mm 和 $\phi 32_{-0.025}^{0}$ mm 圆柱面	T01	20 × 20	1 000	50	0.15	
4	掉头装夹并保证工件伸出长度						
5	粗车右端轮廓	T01	20 × 20	800	100	1	
6	精车右端轮廓	T01	20 × 20	1 000	50	0.15	
7	卸下工件，保养机床						
编制		审核		批准		共　页	第　页

三、编制齿轮箱定位台阶轴加工程序

1．在图 1–15 所示齿轮箱定位台阶轴零件图中绘制出工件坐标系原点和轮廓编程基点，并写出编程基点的绝对坐标（如工件坐标系原点不止一个，则需要做简要说明）。

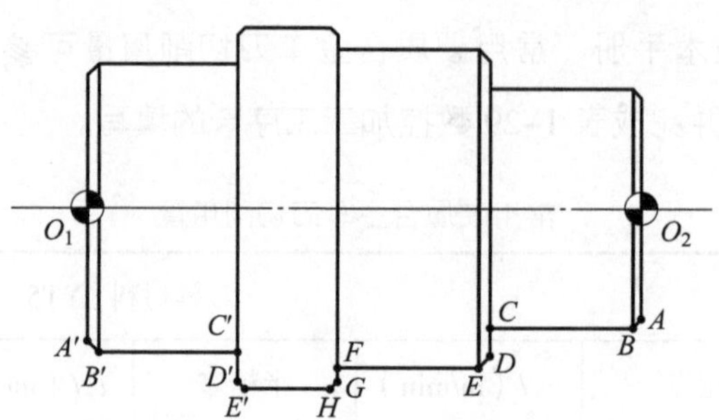

图 1-15　齿轮箱定位台阶轴零件图

右端轮廓编程以 O_2 为工件坐标系原点。编程基点为 A（18，0）、B（20，−1）、C（20，−15）、D（26，−15）、E（28，−16）、F（28，−30）、G（31，−30）、H（32，−30.5）。

左端轮廓编程以 O_1 为工件坐标系原点。编程基点为 A'（23，0）、B'（25，−1）、C'（25，−15）、D'（31，−15）、E'（32，−15.5）。

2．刀位点的定义是什么？刀位点与编程基点是否为同一点？

刀位点是指编制程序和加工时用于表示刀具特征的点，也是对刀和加工的基准点。编程基点是编制程序时构成刀具切削加工轮廓的几何元素间的连接点。

数控车床刀具的刀位点不一定都是编程基点。不同的刀具刀位点不同，如外圆车刀的刀位点是刀尖，而现实加工中车刀必须有刀尖圆弧半径，不然加工中会直接崩刃；车槽刀的刀位点为左刀点，车槽编程基点则与之不同。

3．一个完整的程序由哪几部分组成？程序中的程序段又由哪些部分构成？

一个完整的程序由程序名、程序段（程序内容）、程序结束三部分组成。程序段又由程序段号、准备功能、尺寸数字、进给功能、刀具功能、辅助功能、程序段结束标记符组成。

4．编制齿轮箱定位台阶轴的数控车削程序最好选用哪些切削指令？为什么？

编制齿轮箱定位台阶轴的数控车削程序时应选用 G00、G01、G71、G70 切削指令，原因是编程方便简单，可保证最短走刀路线并最大程度简化加工程序。

5．根据零件加工步骤及编程分析，完成表 1–30 和表 1–31 齿轮箱定位台阶轴左、右端的数控车削程序。

表 1–30　　零件左端加工程序

	O0001；	零件左端程序名
程序段号	加工程序	程序说明
N5	……	程序初始化（初始指令、刀具、转速）
N10	G00 X37.0 Z2.0；	快速定位至循环起点
N15	/G71 U1.0 R0.3；	粗车循环
N20	/G71 P1.0 Q2.0 U0.3 F100；	
N25	N1 G00 X23.0；	轮廓精车轨迹
N30	G01 Z0.0 F50；	
N35	X25.0 Z–1.0；	
N40	……	
N45	N2 G00 X37.0；	
N50	……	退刀、程序结束

表 1–31　　零件右端加工程序

	O0002；	零件右端程序名
程序段号	加工程序	程序说明
N5	……	程序初始化（初始指令、刀具、转速）
N10	G00 X37.0 Z2.0；	快速定位至循环起点
N15	/G71 U1.0 R0.3；	粗车循环
N20	/G71 P1.0 Q2.0 U0.3 F100；	
N25	N1 G00 X18.0；	轮廓精车轨迹
N30	G01 Z0.0 F50；	
N35	……	
N40	N2 G00 X37.0；	
N45	G00 X100.0 Z100.0；	快速退刀
N50	M30；	程序结束

学习活动 4　齿轮箱定位台阶轴的数控车加工

学习目标

1. 能了解车间与工作区的范围和限制，理解企业对环境、安全、卫生和事故的预防标准。

2. 能够检查工作区、设备、工具、材料的状况和功能。

3. 能正确装夹工件，并对其进行找正。

4. 能根据零件图，选择符合加工要求的工具、量具、夹具及辅具。

5. 能正确安装刀具，用试切法正确对刀，建立工件坐标系。

6. 能正确进行程序的编辑、输入、调试与优化，并解除在此过程中出现的报警问题。

7. 能在零件加工过程中，严格按照数控车床操作规程操作机床。

8. 能规范、熟练地使用游标卡尺、千分尺等通用量具在加工过程中进行适时测量，及时调整加工参数，保证零件精度。

9. 能解决加工过程中出现的常见报警和机床故障问题。

10. 能按车间现场“6S”管理规定和产品工艺流程的要求，整理现场，正确放置工具、产品，对机床、工具进行维护保养，并规范填写保养记录表。

建议学时：16 学时。

学习过程

一、加工准备

1．着装自检

根据生产车间着装管理规定，进行着装自检，并填入表 1–32 中。

表 1–32　　车间生产着装自检表

序号	着装要求	自检结果
1	若留长发，须束起并戴工作帽	
2	不可佩戴挂牌、项链等物件	
3	衣领外翻平整	
4	上衣拉链拉至领口处，纽扣扣好	
5	口袋上盖平整扣好，口袋内不放置笔、工作证以外的物品	
6	手臂侧兜内不放置笔以外的物品	
7	袖口和下摆两侧纽扣扣好	
8	不着裙装，不穿短裤	
9	正确穿着工作鞋，不穿拖鞋、凉鞋、高跟鞋	

2．选择工具、量具、刀具

填写表 1–33 工具、量具、刀具清单，并领取工具、量具、刀具。

表 1–33　　工具、量具、刀具清单

序号	名称	规格	数量	备注
1	90°外圆车刀	MWLNR2020K08	1	
2	外径千分尺	0 ~ 25 mm、25 ~ 50 mm	各 1	
3	游标卡尺	0 ~ 125 mm	1	
4	卡盘扳手、刀架扳手	/	各 1	
5	百分表及磁性表座	60 mm（0.01 mm）	1	

3．熟悉工作环境

了解数控车间与工作区的范围和限制，理解企业对环境、安全、卫生和事故预防的标准。

4．领取毛坯

领取毛坯，测量并记录所领毛坯的实际外形尺寸，判断毛坯是否有足够的加工余量及其外形是否满足加工条件。

二、零件的数控车加工

1．开机准备

（1）写出开机前的主要检查及准备工作（如给数控车床相关部位加油、检查油标并记录数值，判断是否达到后续操作要求等）。

检查电压、气压、油压是否符合工作要求，保证齿轮润滑油箱、液压油箱的油量处于最低油位以上，保证各油箱无漏油，保证注油口清洁、无堵塞且密封良好。检查机床运动部分是否处于正常工作状态。检查机床工作台位置是否正确。检查电气元件是否连接可靠。检查机床是否接地。

（2）开机回零，并记录机床回零数值。观察回零时的机械坐标、绝对坐标和相对坐标数值是否相同，如果数值不同，为什么？

机械坐标、绝对坐标和相对坐标不一定相同。回零时，机床坐标系回到零点，机械坐标为零；绝对坐标表示刀具在当前坐标系的坐标值；相对坐标表示刀具在当前坐标系前一点到当前点的矢量值。因此，回零时三者坐标数值不相同。

（3）简述开机后主轴预热的时间要求。

冬天天气寒冷，机床的结构受温度影响会影响加工精度。开机后主轴旋转预热至少 15 min，使机床的产热与散热达到热平衡；夏天或温差不大的环境，开机后适当预热一段时间，即可满足机床润滑全面启动稳定的要求。

2．安装毛坯

（1）如果毛坯安装不正或未完全夹紧，在加工中会出现什么情况？装夹时如何避免此类情况？

如果毛坯安装不正或未完全夹紧，在加工中会导致工件飞出或刀具崩断，零件加工形状和精度会受到影响，严重时可能会发生安全事故。

为避免此类情况，安装工件时，首先根据工件尺寸选择卡盘尺寸，调整好卡盘卡爪的夹持直径和夹紧力；卡盘和毛坯装夹表面严禁有杂物，应保持清洁干净，并保证有足够的装夹深度；掉头装夹时，如有需要，应用百分表找正，保证装夹的同轴度，也可在工件尾部钻中心孔，用顶尖顶紧；使用尾座时应注意调整其位置、套筒行程和夹紧力。

（2）本任务中加工零件分为两次装夹，两次装夹中是否都需要用百分表找正？为什么？

第一次装夹不需要用百分表找正。第二次装夹时需用百分表找正，保证同轴度要求。

（3）两次装夹中，分别以 ϕ35 mm 毛坯圆柱面 和 $\phi 25_{-0.021}^{\ 0}$ mm 圆柱面、$\phi 32_{-0.025}^{\ 0}$ mm 圆柱左端面 为两次装夹的定位基准，来保证零件的加工工艺要求。

（4）简述工件装夹百分表找正的操作步骤。

将百分表固定在磁性表座上，将磁性表座吸附在主轴上，百分表测头抵住工件右端外圆转动工件，同时观察指针在工件右端的摆动情况，校正工件至所需同轴度误差范围内即可。

3．安装刀具和试切法对刀

车刀的安装必须满足三个基本要求，即伸出长度、刀尖高度、工作角度。

（1）简述数控外圆车刀的安装要求。

刀杆伸出长度一般为刀杆厚度的 1 ～ 1.5 倍，刀尖高度必须严格对准工件的旋转中心，车刀的主切削刃与工件中心线呈 90°。

（2）如果刀具安装不到位，会出现什么情况？

刀具伸出过短，工件或刀具易飞出；刀具伸出过长，刀具易振动并使工件产生振纹；刀具角度不正确，工件形状或精度会受到影响；刀具未夹紧，刀具易飞出。

4．校验对刀精度

对刀精度直接影响到零件加工生产的结果。若对刀不正确，则可能会出现刀具和设备、工件的不良干涉，发生安全事故；若对刀不精确，则会影响零件的加工精度。

（1）如何检验对刀精度？简述检验对刀精度的操作步骤。

可通过 MDI 方式检验对刀精度，将“机床功能方式选择”旋钮旋至“MDI”模式，按“PROG”功能中的“MDI”软键，输入“T××××；G00 X（对刀测量的直径值）Z100.0；”，循环启动，观察是否位于该位置值。

（2）如对刀精度校验过程中发生“刀具 +*X* 轴向过行程”报警，是什么原因造成的？如何解除报警？

是 *X* 向对刀不正确造成的，当前刀具对刀 *X* 向直径值非输入的直径值。

将“机床功能方式选择”旋钮旋至“手动”模式，*X* 轴反方向手动移动一段距离，按复位键解除报警。

5．编辑与校验程序

（1）相同程序名的程序同时输入、存储到数控系统中会发生什么情况？说明发生这种现象的原因，并简述解决方案。

会发生程序录入报警，因为一个程序名在同一个系统中只能使用一次，不可重复。若发生此类情况，则按复位键解除报警，另输入一个不同的程序名即可。

（2）简述图形显示功能校验程序的操作步骤。

将“机床功能方式选择”旋钮旋至“自动”模式，按“图形显示”键 CUSTOM GRAPH，出现图形显示画面。依次完成各参数的设定，按“图形”屏幕软键，按“循环启动”按钮，机床开始移动，在屏幕上显示刀具运行轨迹（根据各自机床情况，如图形显示功能未能锁定机床轴向运动，需在操作“循环启动”前按“机床锁住”功能键）。

（3）图形显示功能校验可检验程序的哪些内容？

图形显示功能可检测程序加工走刀路线设计的正确性和程序格式的正确性。

（4）在表 1–34 中记录程序输入和校验时产生的报警号，并说明产生报警的原因及解决办法。

表 1–34　　报警内容记录单

报警号	报警内容	报警原因	解决办法

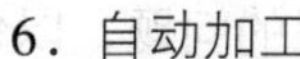
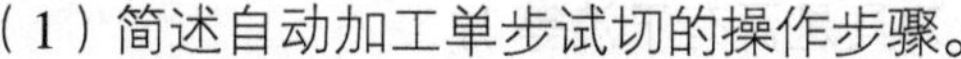

6．自动加工

（1）简述自动加工单步试切的操作步骤。

首先调出需运行的程序，将“机床功能方式选择”旋钮旋至“自动”模式，打开“单段”方式，按“检视”屏幕软键，使屏幕显示正在执行的程序和坐标。按“循环启动”按钮，自动执行加工程序。

（2）调出加工程序，依次进行台阶轴的左、右端轮廓加工，在第二次掉头装夹时保证零件总长尺寸。在加工过程中，对刀误差、测量误差、机床间隙误差都会使加工零件产生尺寸误差。因此，在首件试切时，一般粗加工完，适时测量尺寸，根据尺寸误差，调整刀具补正参数，保证零件尺寸精度。

①二次装夹时，装夹表面是已加工表面，如何防护?

已加工的表面可垫铜皮保护。

②简述调整刀具补正参数，保证零件尺寸精度的方法。

打开功能键 OFFSET SETTING，选择【补正】→【磨耗】，找到相应的加工刀具号（如 T0101，1 号刀具 1 号刀补，1 号磨耗序号 W001）。测量的数值尺寸偏大，需将刀具磨耗偏移存储器中的 X 值减小，调出原刀具和原程序重新加工，即可修复加工误差。

③为了保证零件加工精度，将零件左、右端轮廓粗、精加工中调试加工参数的名称及数据填入表 1–35 中，并分析其产生原因。

表 1–35　　左、右端轮廓调试加工参数名称及数值

序号	调试前加工参数名称	数据值	调试后数据值

产生原因：

（3）加工中注意观察刀具切削加工情况，在表 1–36 中记录加工中不合理的因素及出现的问题，以便于纠正，提高工作效率（如切削用量、刀具加工路径等是否合理，刀具是否有干涉等）。

表 1–36　　加工中遇到的问题

问题	分析原因	预防措施	改进方法

（4）加工完毕，综合检测零件加工尺寸是否符合图样要求。若合格，将工件卸下，进行下一件的加工；若不合格，分析报废的原因并提出改进措施。

（5）根据零件加工路径，估算零件加工时间（估算方法：总时间约为实际加工路径的总距离除以进给量，再加上装夹零件和刀具、编程、调整参数等辅助时间）是否满足生产时间要求，为后续批量生产或工艺修调做准备。

三、保养机床，清理场地

加工完毕，按照图样要求进行自检，正确放置零件，并进行产品交接确认；按照国家环保相关规定和车间要求整理现场，清扫切屑，保养机床（表 1–37），并正确处置废油液等废弃物；按车间规定填写设备日常保养记录卡（附表 1）。

表 1–37 机床清理操作

项目	操作步骤
机床清理	拆卸刀具和零件，工具、量具、刀具规范放置
	机床轴向移至机床参考点附近
	用毛刷将导轨平面、刀架和卡盘间隙的切屑清扫干净
	将机床导轨及刀架擦拭干净
	清扫机床切屑盘里的切屑，将切屑放置规定排放处
	导轨面、卡盘间隙处、刀架涂防锈油
	关机

（1）查阅资料，简述“6S”管理规定。

“6S”管理规定即整理、整顿、清扫、清洁、素养、安全。

整理：区分工作区的必要品和非必要品，处理非必要品，将必要品分类整理。

整顿：将必要品按规定摆放整齐。

清扫：清扫工作场所，保持工作场所干净、整洁。

清洁：坚持整理、整顿、制定清洁标准并自觉遵守。

素养：养成良好的习惯，以身作则，遵守规则。

安全：清除安全隐患，排除险情，预防事故的发生。

（2）简述整理工作现场时，零件、工具、刀具的放置规范和保养要求。

刀具保养要求：将刀具及其各部件擦拭干净；选择合适的防锈油涂油防锈（如果长期不用，可以涂抹黄油，用中性包装纸包裹并保持室内干燥）；将保养、包装好的刀具和刀片分类放置，严禁将刀具不加任何包装堆放在一起；注意防止碰撞。

刀具放置要求：保证放置刀具的工具柜干净；不同类型的刀具放置在指定位置；刀具与刀具之间应保持适当距离，防止碰撞。

零件保养和放置要求：零件去毛刺后涂防护油；零件与零件之间应保持适当距离，避免碰撞；零件应放置于工具柜或仓库中，保持环境干燥。

工具在车间放置要求：刀架、卡盘扳手正确放置于工具柜指定位置，不可与刀具、量具发生碰撞；各类测量仪器应放于工具柜指定位置；毛刷等物品放于工具柜内；扫把、拖把、切削液存放桶等放于车间工具房指定位置，严禁使用后放于车间设备旁。

学习活动 5　齿轮箱定位台阶轴的检验与加工质量分析

学习目标

1. 能根据零件图，合理选择检验量具。

2. 能规范、熟练地使用游标卡尺、千分尺等通用量具，对齿轮箱定位台阶轴进行检测并判断加工质量，分析误差原因，优化加工策略。

3. 能对游标卡尺、千分尺等通用量具进行保养和维护。

建议学时：2 学时。

学习过程

一、明确测量要素，选取检测量具

1. 查阅资料，识别图 1–16 所示量具并完成表 1–38 中量具的名称及其测量内容的填写。

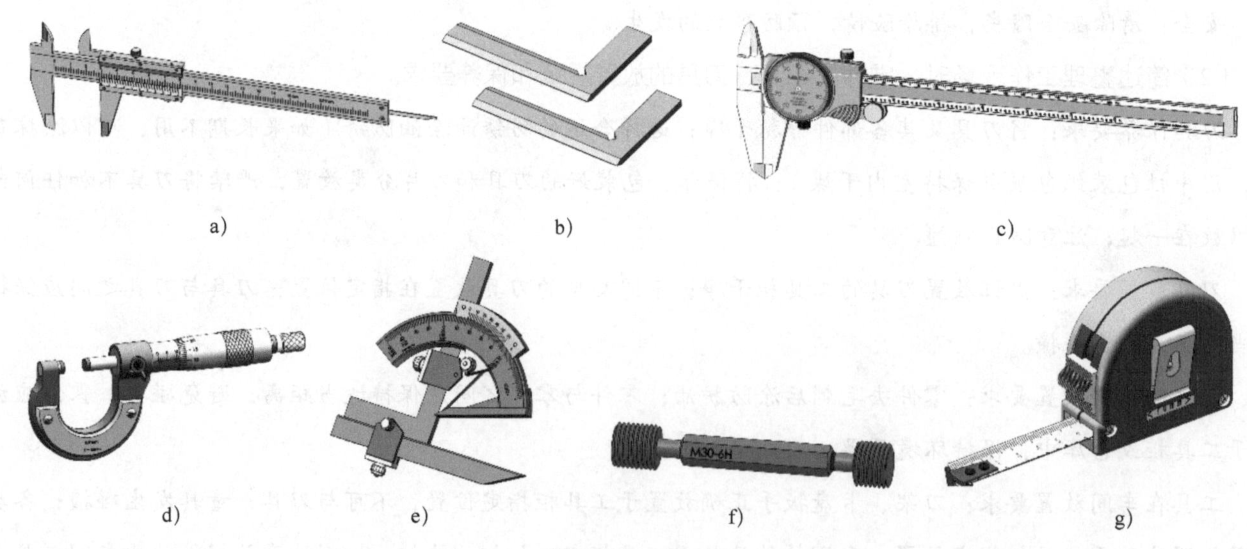

a)　b)　c)　d)　e)　f)　g)

图 1–16　量具

表 1–38 量具

序号	量具名称	测量内容
a	游标卡尺	长度、深度、直径、孔径
b	直角尺	垂直度
c	带表卡尺	长度、深度、直径、孔径
d	外径千分尺	外圆直径
e	游标万能角度尺	角度
f	螺纹塞规	内螺纹
g	钢卷尺	长度、宽度

2．采用什么量具测量同轴度误差和轴向圆跳动误差？几何误差需要全部测量吗？为什么？

可采用百分表测量同轴度误差和轴向圆跳动误差。几何误差可以不全部测量，若同轴度能保证要求，则轴向圆跳动可以忽略不测。

3．如何测量同轴度误差和轴向圆跳动误差？

同轴度误差测量方法：用两个相同的刃口状 V 形架支承基准部位，然后用百分表测量被测部位。将准备好的刃口状 V 形架放置在平板上，并调整水平。将百分表指针放于被测部位并校正好零位，轴向移动。计算出单个测量截面上的同轴度误差值，即 $\Delta=(M_{max}-M_{min})/2$。按步骤完成多个截面的测量，计算结果是否一致或在公差范围内。

轴向圆跳动测量方法：将被测零件放于 V 形架上，并轴向定位；将百分表测头与被测零件表面接触，百分表指针压下 2 ～ 3 圈，校正读数并调零；将被测零件转动一周的过程中，指针读数最大差值即为单个测量圆柱面上的轴向圆跳动；按上述方法测量多个圆柱面取最大值为轴向圆跳动误差。

4．根据零件的被测量要素，填写表 1–39 中的检测内容及其所对应的量具。

表 1–39 检测内容及其所对应的量具

序号	量具名称	量具规格（精度）	检测内容	备注
1	游标卡尺	0 ～ 125 mm（0.02 mm）	长度（15 mm、$15^{+0.05}_{0}$ mm、$30^{+0.05}_{0}$ mm）	
2	外径千分尺	0 ～ 25 mm、25 ～ 50 mm（0.01 mm）	直径（$\phi 25^{0}_{-0.021}$ mm、$\phi 20$ mm、$\phi 28^{0}_{-0.021}$ mm、$\phi 32^{0}_{-0.025}$ mm）	
3	百分表	60 mm（0.01 mm）	同轴度、圆跳动	
4	表面粗糙度比较样块	$Ra0.8$ μm、$Ra1.6$ μm、$Ra3.2$ μm、$Ra6.3$ μm	$Ra1.6$ μm、$Ra3.2$ μm	

二、检测齿轮箱定位台阶轴零件，填写表 1–40

表 1–40　　　　齿轮箱定位台阶轴零件检测表

工件编号		配分	项目与技术要求	评分标准	检测记录	得分
序号	名称					
1	主要尺寸（48 分）	8	$\phi 25_{-0.021}^{0}$ mm	超差不得分		
2		8	$\phi 32_{-0.025}^{0}$ mm	超差不得分		
3		8	$\phi 28_{-0.021}^{0}$ mm	超差不得分		
4		8	$\phi 20$ mm	超差不得分		
5		8	↗ 0.015 A	超差不得分		
6		8	◎ ϕ0.02 A	超差不得分		
7	次要尺寸（25 分）	5	$30_{0}^{+0.05}$ mm	超差不得分		
8		5	（55 ± 0.1）mm	超差不得分		
9		5	15 mm	超差不得分		
10		4	$15_{0}^{+0.05}$ mm	超差不得分		
11		2 × 3	*C*1 mm（3 处）	超差不得分		
12	表面粗糙度（12 分）	2 × 3	*Ra*1.6 μm（3 处）	降级不得分		
13		2 × 3	*Ra*3.2 μm（3 处）	降级不得分		
14	主观评分（10 分）	3.5	已加工零件倒角、倒圆、去毛刺是否符合图样要求			
15		3.5	已加工零件是否有划伤、碰伤和夹伤			
16		3	已加工零件与图样要求的一致性以及其余表面粗糙度			
17	更换毛坯（5 分）	5	是否更换毛坯	是 / 否		
18	职业素养	扣分	能正确穿戴工作服、工作鞋、安全帽等劳动防护用品。每违反一项扣 2 分			
19			能按机床使用规范正确进行开关机、对刀等基本操作。每误操作一次扣 2 分			
20			能规范使用及保养工具、量具和辅具。每违规操作一次扣 2 分			
21			能做好设备清洁、保养工作。不清洁、不保养扣 3 分；保养不彻底扣 2 分			
总配分		100		总得分		

三、根据产品加工质量情况分析并提出工艺方案修改意见

对不合格项目进行分析、讨论，小组提出工艺方案修改意见，完成表 1–41 的填写。

表 1–41　　加工质量分析表

不合格项目	工作任务项目	产生原因	预防及改进措施

四、常用量具保养

了解游标卡尺、千分尺等通用量具的保养规则，使用完后按要求保养、放置。

简述游标卡尺与千分尺使用后的清洁保养方法。

游标卡尺的清洁保养方法：用专用毛刷清洁游标卡尺表面的污渍、尺身上的杂物和灰尘。用无尘布擦拭游标卡尺测量面及其他部位，再用无尘布蘸取适量防锈油均匀涂抹在游标卡尺表面。使用时要轻拿轻放，不得碰撞。不可测量粗糙的物体，以免损坏测量爪。应存放在清洁、干燥的地方，以防锈蚀。应定期检查和校准游标卡尺。

千分尺的清洁保养方法：检查千分尺的零线是否准确。工件较大时应放在 V 形架或平板上测量。拆卸活动套筒时需用专用棘轮装置。不要拧松千分尺后盖，以免零线移位。使用完后需把测量杆和砧座擦拭干净，涂防锈油，放入专用盒内，置于清洁、干燥处。

五、正确放置零件，并进行产品交接确认

学习活动 6　工作总结与评价

1. 能按照齿轮箱定位台阶轴加工综合评价表完成自评。

2. 能按分组情况派代表展示零件加工成果，使用专业术语讲述本任务的完成情况，并做分析总结。

3. 能认真倾听他人展示汇报，并接受其他组的点评意见。

4. 能反思总结工作经验，提出改进措施，优化加工策略。

5. 能在作业过程中严格执行企业操作规范、安全生产制度、环保管理制度以及“6S”管理规定，严格遵守从业人员的职业道德，树立吃苦耐劳、爱岗敬业的工作态度和职业责任感。

6. 能与班组长、工具管理员等相关人员进行有效的沟通与合作，理解有效沟通和团队合作的重要性。

7. 能结合自身任务完成情况，正确、规范地撰写工作总结（心得体会）。

建议学时：4 学时。

学习评价以学习目标为导向，围绕学习过程设计评价要点，依据多元评价理论，从不同角度关注学生综合职业能力和职业素质的养成。在教学过程中，学习评价由自我评价、小组评价和教师评价三部分组成，检验并提升学生的综合职业能力。学生最终成绩按下式进行计算：总评成绩 = 自我评价（40%）+ 小组评价

（10%）+ 教师评价（50%）。

一、自我评价

学生通过自我评价发现自己存在的问题和不足，自我评价总分占学习评价的 40%（其中产品评价占 20%，自我评价占 20%）。

学生自我评价表见附表 2。

二、小组评价

小组评价由“组内工作过程考核互评”和“组间展示互评”两部分组成。“组内工作过程考核互评”让学生在评价别人和接受别人评价中发现问题、解决问题。“组间展示互评”把个人制作好的零件先进行分组展示，再由小组推荐代表做工作过程的介绍。在展示的过程中，以组为单位进行评价；评价完成后，根据其他组成员对本组展示的成果评价意见进行归纳总结。通过组内和组间互相考核，促进学生按规范认真完成工作任务，也使评价者在互评中完成知识学习和素质养成，小组评价总分占学习评价的 10%。

组内工作过程考核互评表见附表 3。

组间展示互评表见附表 4。

三、教师评价

教师评价的目的是提供有效的诊断和反馈，强化和改进教学的实施，对学生的学习过程进行评价。首先，教师对展示的作品分别做评价：一是找出各组的优点进行点评。二是对展示过程中各组的缺点进行点评，提出改进方法。三是对整个任务完成中出现的亮点和不足进行点评。其次，教师在教学过程中，根据学生的具体行为表现，按教师评价指标进行评价，教师评价总分占学习评价的 50%。

教师评价表见附表 5。

四、总结提升

1．一个完整合格的交流展示汇报，要注意做到哪些方面？

建议：教师引导学生从内容展示、语言表述、仪表仪态、专业知识讲解等方面总结。

2．团队协作中要注意哪些问题？团队成员之间应如何保证有效沟通？

建议：教师引导学生从本任务团队的情况、个人职责、沟通交流、任务分配及完成效率等方面总结。

3．本任务所学知识还可以运用到哪些类型产品或零件的加工中？

建议：教师引导学生从G90、G71、G70等数控车削指令加工的零件类型等方面总结。

4．试结合自身任务完成情况，通过交流、讨论等方式较全面、规范地撰写本任务的工作总结（包含影响产品质量的因素、工艺顺序安排的依据和重要性、企业制订工作生产计划的理由等）。

工作总结（心得体会）

任务拓展

齿轮轴的数控车加工

一、零件图

某企业接到一批齿轮轴零件（图 1–17）加工订单，数量为 30 件。来料加工，材料为 45 钢，毛坯尺寸为 ϕ45 mm×72 mm，交货期为 7 天。该零件为回转体零件，生产主管计划用数控车床进行加工。

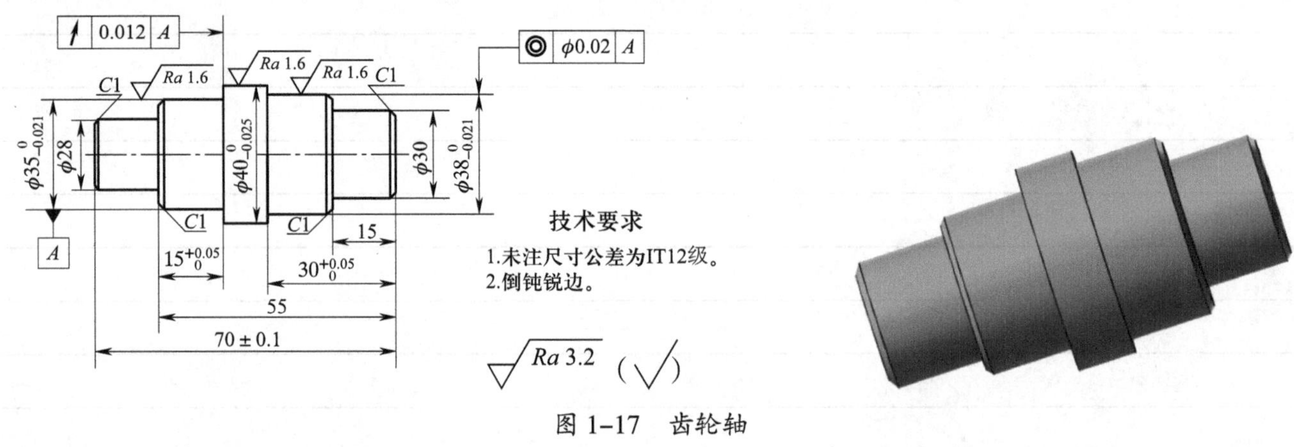

图 1–17　齿轮轴

二、评分标准

按表 1–42 所示项目和技术要求检测齿轮轴是否合格。

表 1–42　齿轮轴零件检测表

工件编号 序号	名称	配分	项目与技术要求	评分标准	检测记录	得分
1	主要尺寸（48 分）	8	$\phi 35\,_{-0.021}^{\ 0}$ mm	超差不得分		
2		8	$\phi 40\,_{-0.025}^{\ 0}$ mm	超差不得分		
3		8	$\phi 38\,_{-0.021}^{\ 0}$ mm	超差不得分		
4		8	ϕ28 mm，ϕ30 mm	超差不得分		
5		8	↗ 0.012 A	超差不得分		
6		8	◎ ϕ0.02 A	超差不得分		
7	次要尺寸（25 分）	5	$30\,_{0}^{+0.05}$ mm	超差不得分		
8		5	$15\,_{0}^{+0.05}$ mm	超差不得分		
9		5	（70 ± 0.1）mm	超差不得分		
10		2 × 2	55 mm，15 mm	超差不得分		
11		1.5 × 4	C1 mm（4 处）	超差不得分		

续表

工件编号 序号	名称	配分	项目与技术要求	评分标准	检测记录	得分
12	表面粗糙度（12分）	3×3	Ra1.6 μm（3处）	降级不得分		
13		1.5×2	Ra3.2 μm（2处）	降级不得分		
14	主观评分（10分）	3.5	已加工零件倒角、倒圆、去毛刺是否符合图样要求			
15		3.5	已加工零件是否有划伤、碰伤和夹伤			
16		3	已加工零件与图样要求的一致性以及其余表面粗糙度			
17	更换毛坯（5分）	5	是否更换毛坯	是 / 否		
18	职业素养	扣分	能正确穿戴工作服、工作鞋、安全帽等劳动防护用品。每违反一项扣2分			
19			能按机床使用规范正确进行开关机、对刀等基本操作。每误操作一次扣2分			
20			能规范使用及保养工具、量具和辅具。每违规操作一次扣2分			
21			能做好设备清洁、保养工作。不清洁、不保养扣3分；保养不彻底扣2分			
总配分			100	总得分		

世赛知识

世界技能大赛的特点

世界技能大赛每两年举办一届，是当今世界地位最高、规模最大、影响力最大的职业技能赛事，被誉为“世界技能奥林匹克”，代表了职业技能发展的世界先进水平，是世界技能组织成员展示和交流职业技能的重要平台。

世界技能大赛具有代表性、开放性和规范性三大特点。

一、代表性

1. 竞赛理念、技术标准、比赛规则、工作流程和组织方式代表了当今世界职业技能竞赛领域的较高水准。

2. 完整的竞赛项目设立和取消制度，确保能够体现全球职业范围内行业发展趋势和业界新动态。

3. 技术标准从企业生产和服务实践中进行归纳梳理，以保障标准和比赛试题能充分体现该职业所需的最新职业能力。

4. 对各国和地区的技能竞赛、技能人才培养体系建设具有引领示范作用。

二、开放性

1. 面向社会公众全面开放。

2. 竞赛期间举行技能体验、技术交流等活动，促进了技术技能的展示与传播。

3. 来自各国和地区的专家、教练、选手以及从事职业教育培训工作的相关人员在比赛期间能够进行相应的技术交流。

三、规范性

1. 世界技能大赛秉持“公平、公正、公开”的原则，在试题开发、评分标准、成绩确认等环节均有严格的规范性程序要求。

2. 注重规则意识、质量意识、安全意识和绿色环保意识。

学习任务二　手柄的数控车加工

学习目标

1. 能了解数控车间与工作区的范围和限制，理解企业对生产车间环境、安全、卫生、生产和事故的预防标准。

2. 能根据加工任务书，通过小组讨论，明确工作任务和要求，共同制订合理的工作计划。

3. 能借助技术手册，查阅任务零件尺寸精度要求等知识，读懂零件图，写出其尺寸、表面粗糙度、公差、材料等信息，指出各信息的意义。

4. 能根据任务书、零件图加工要求，通过查阅数控加工工艺学，分析并制定零件的数控加工工艺，完成加工工序卡的填写。

5. 能合理选择编程指令，完成手柄加工程序的编制。

6. 能独立操作数控车床，完成手柄的加工，并解决在此过程中出现的简单报警和加工精度问题。

7. 能规范、熟练地使用半径样板、检测样板等通用量具，对手柄进行检测并判断加工质量，分析误差原因，优化加工策略。

8. 能按车间现场“6S”管理规定和产品工艺流程的要求，整理现场，正确放置工具、产品，对机床、工具进行维护保养，并规范填写保养记录表。

9. 能与班组长、工具管理员等相关人员进行有效的合作与沟通，理解有效沟通和团队合作的重要性。

10. 能积极主动汇报工作成果，对学习工作过程中出现的问题进行反思总结，优化方案和策略，具备知识迁移能力。

建议学时

42 学时。

工作情境描述

某企业接到一批手柄（图 2-1）加工订单，数量为 30 件。来料加工（定位小孔已加工好），材料为 45 钢，毛坯尺寸为 ϕ35 mm×95 mm，交货期为 6 天。该零件由特型面握柄、定位孔和圆柱体三部分组成，生产主管计划用数控车床进行加工。

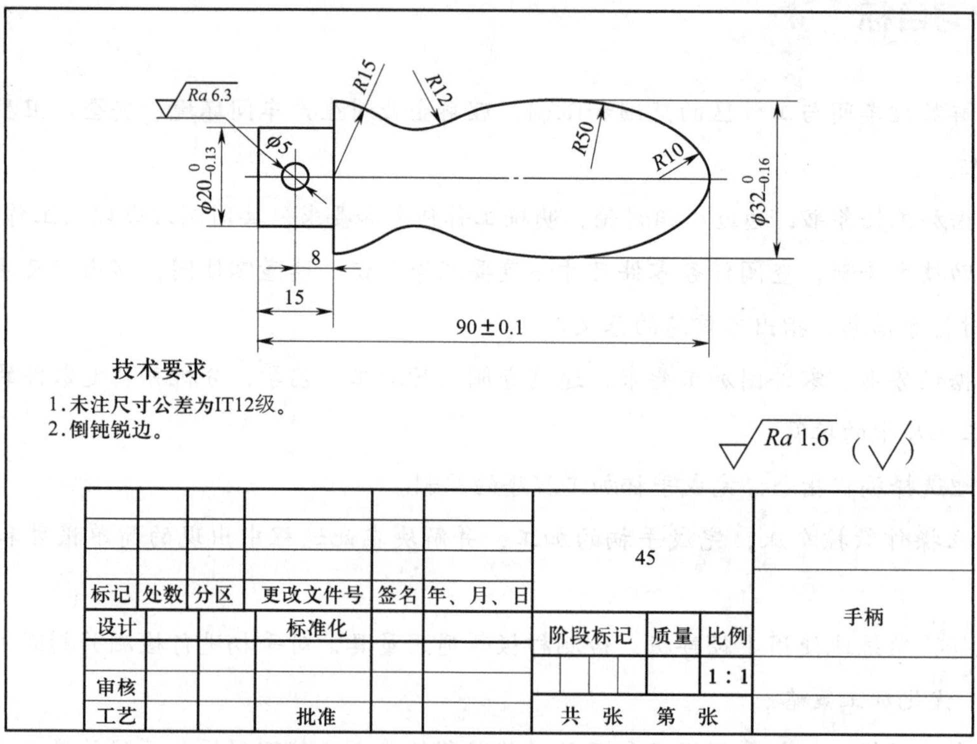

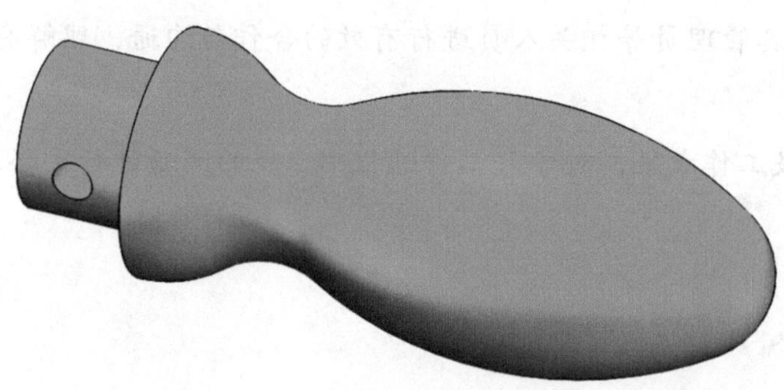

图 2-1 手柄

工作流程与活动

1．手柄的工艺分析与编程（6 学时）

2．手柄的数控车加工（30 学时）

3．手柄的检验与加工质量分析（2 学时）

4．工作总结与评价（4 学时）

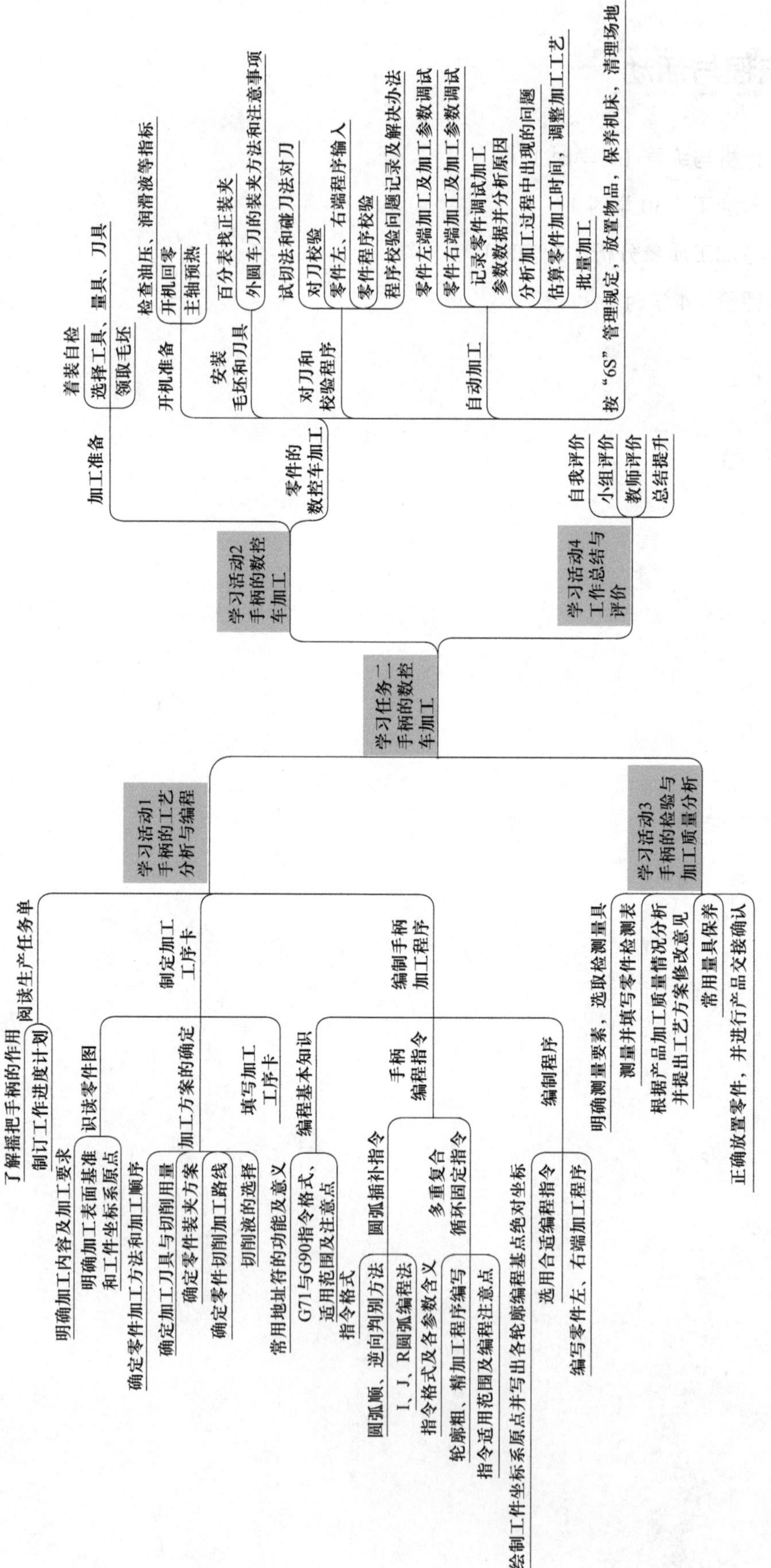
学习任务二 手柄的数控车加工
学习活动1 手柄的工艺分析与编程
阅读生产任务单
了解摇把手柄的作用
制订工作进度计划
明确加工内容及加工要求
制定加工工序卡
识读零件图
明确加工表面基准和工件坐标系原点
加工方案的确定
确定零件加工方法和加工顺序
确定加工刀具与切削用量
确定零件装夹方案
确定零件切削加工路线
切削液的选择
填写加工工序卡
编制手柄加工程序
编程基本知识
常用地址符的功能及意义
G71与G90指令格式、适用范围及注意点
指令格式
手柄编程指令
圆弧插补指令
圆弧顺、逆向判别方法
I、J、R圆弧编程法
多重复合循环固定指令
指令格式及各参数含义
轮廓粗、精加工程序编写
指令适用范围及编程注意点
编制程序
绘制工件坐标系原点并写出各轮廓编程基点绝对坐标
选用合适编程指令
编写零件左、右端加工程序
学习活动2 手柄的数控车加工
加工准备
着装自检
选择工具、量具、刀具
领取毛坯
零件的数控车加工
开机准备
检查油压、润滑液等指标
开机回零
主轴预热
安装毛坯和刀具
百分表找正装夹
外圆车刀的装夹方法和注意事项
对刀和校验程序
试切法和碰刀法对刀
对刀校验
零件左、右端程序输入
零件程序校验
程序校验问题记录及解决办法
自动加工
零件左端加工及加工参数调试
零件右端加工及加工参数调试
记录零件调试加工参数数据并分析原因
分析加工过程中出现的问题
估算零件加工时间，调整加工工艺
批量加工
按“6S”管理规定，放置物品，保养机床，清理场地
学习活动3 手柄的检验与加工质量分析
明确测量要素，选取检测量具
测量并填写零件检测表
根据产品加工质量情况分析并提出工艺方案修改意见
常用量具保养
正确放置零件，并进行产品交接确认
学习活动4 工作总结与评价
自我评价
小组评价
教师评价
总结提升

学习活动1　手柄的工艺分析与编程

学习目标

1. 能阅读生产任务单，明确工作任务，通过小组讨论，共同制订合理的加工工作进度计划。

2. 能借助技术手册，查阅任务零件尺寸精度要求等知识，读懂零件图，写出其尺寸、表面粗糙度、公差、材料等信息，指出各信息的意义。

3. 能根据加工工艺、零件材料和零件形状特征等要求，查阅技术手册，合理选择刀具及切削用量。

4. 能根据零件工艺要求，正确选择车削加工方法。

5. 能合理选用切削液，并说出其作用。

6. 能根据任务书、零件图加工要求，通过查阅数控加工工艺学，确定零件加工基准并制定手柄的数控加工工艺，填写加工工序卡。

7. 能根据零件图基点坐标，写出点绝对坐标数值。

8. 能通过圆弧指令和复合循环指令的学习，写出G02、G03、G73指令的格式及各参数的含义。

9. 能正确选用车削指令，编写手柄数控车加工程序。

建议学时：6学时。

学习过程

一、阅读生产任务单（表 2–1）

表 2–1　　手柄生产任务单

单位名称				完成时间	年　月　日	
序号	产品名称	材料	生产数量	技术标准、质量要求		
1	手柄	45 钢	30	按图样要求		
2						
3						
检测批准时间		年　月　日	批准人			
通知任务时间		年　月　日	发单人			
接单时间		年　月　日	接单人		生产班组	检测组

注：生产任务单与零件图等一起领取。

阅读表 2–1 手柄生产任务单，明确零件名称、材料、数量和完成时间，并回答下列问题。

1．数控车床上的摇把手柄有什么作用?

控制尾座套筒的伸出和收回。

2．本生产任务工期为 5 天，请根据任务要求，制订合理的工作进度计划，并根据小组成员的特点进行分工，完成表 2–2 的填写。

表 2–2　　工作进度计划表

序号	工作内容	时间	成员	负责人
1	工艺分析			
2	编制程序			
3	程序检验与试切削调试			
4	车削加工			
5	成品检验与质量分析			

二、根据零件图，制定数控加工工序卡

1. 识读手柄零件图

借助技术手册，查阅任务零件尺寸精度要求等知识，写出其尺寸、表面粗糙度、公差、材料等信息。

（1）分析零件图，明确加工内容（表面）及加工要求（偏差范围）。填写表 2–3，为制定加工工艺做准备。

表 2–3　零件的加工内容及加工要求

序号	加工内容（表面）	加工要求（偏差范围）
1	ϕ20 mm	$^{0}_{-0.13}$ mm
2	ϕ32 mm	$^{0}_{-0.16}$ mm
3	R10 mm、R15 mm、R12 mm	$^{0}_{-0.18}$ mm
4	R50 mm	$^{0}_{-0.25}$ mm
5	15 mm	$^{+0.09}_{-0.09}$ mm
6	90 mm	$^{+0.1}_{-0.1}$ mm

（2）通过分析零件图，明确加工表面基准，确定零件加工的工件坐标系原点（图示说明），为选择合理的对刀方法做准备。

加工该零件的工件坐标系原点有两个，O_1 为左端面轮廓编程工件坐标系原点（零件中心线与左端面的交点）；O_2 为右端面轮廓编程工件坐标系原点（零件中心线与右端面的交点）。左端轮廓加工时以 O_1 为工件坐标系原点，右端轮廓加工时以 O_2 为工件坐标系原点。

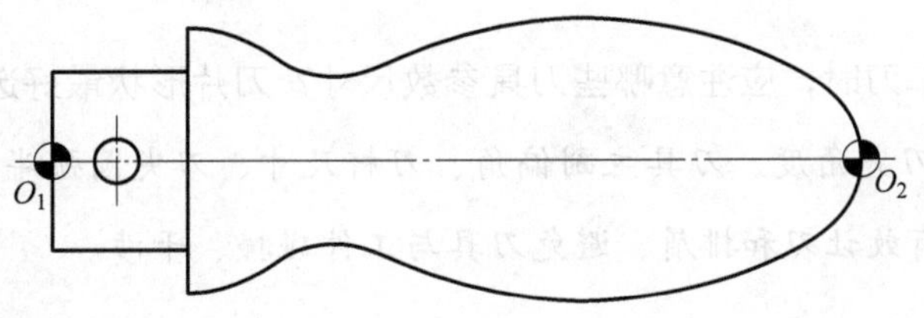

2．加工方案的确定

结合零件的加工要求和结构特点，确定加工顺序及加工方法，填写表 2–4。

表 2–4　　　　零件加工顺序及加工方法

序号	加工顺序	加工方法
1	左端面轮廓（$\phi 20_{-0.13}^{\ 0}$ mm × 15 mm、R15 mm）	粗加工、精加工
2	右端手柄曲面（R15 mm、R12 mm、R50 mm、R10 mm）	粗加工、精加工

3．刀具的选择

数控车床主要用于回转表面的外轮廓加工时，常见的加工内容有：外圆柱面、圆锥面、圆弧面、螺纹、沟槽、切断等。不同的外轮廓形状对刀具参数的选择也有不同要求，应注意刀具及刀具角度的正确选择，以保证刀具在加工过程中与工件不产生干涉。图 2–2 所示为外圆车刀加工示意图，回答下列问题。

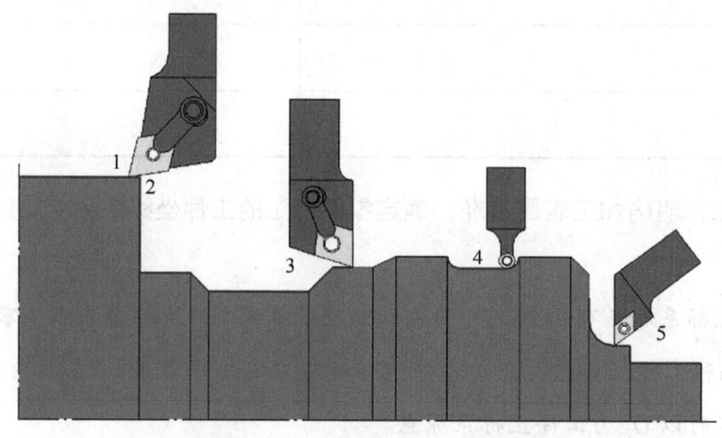

图 2–2　外圆车刀加工示意图

（1）该零件在选择外圆车刀时，应注意哪些刀具参数尺寸？刀片形状最好选择哪种？为什么？

选择外圆车刀时要注意刀尖角度、刀具主副偏角、刀杆尺寸、刀尖圆弧半径、刀具切削刃长度等参数。刀片形状选择菱形刀片，可有效让刀和排屑，避免刀具与工件碰撞、干涉。

（2）如采用图 2–3 所示的菱形刀片可转位车刀加工手柄，其刀尖角为 35°、副偏角为 52°是否合适？为什么？

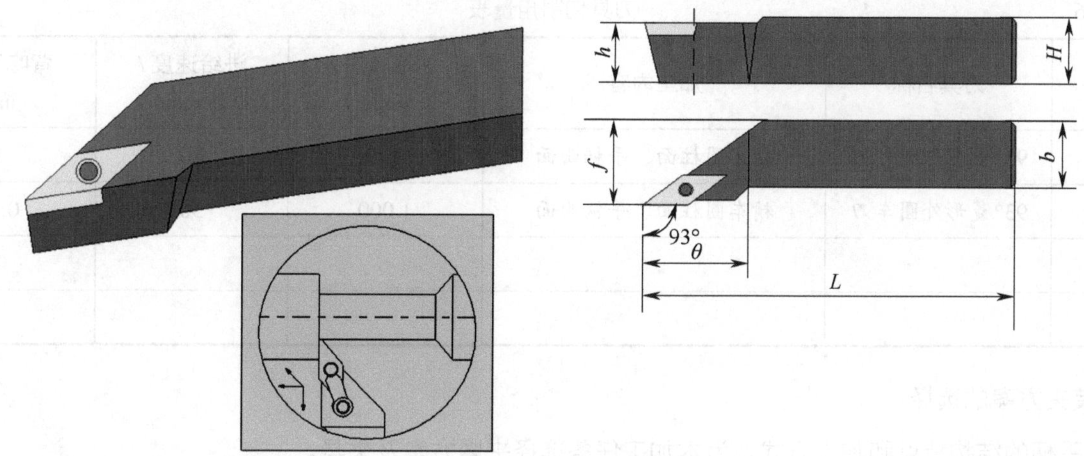

图 2–3 菱形刀片可转位车刀

合适，手柄曲面轮廓切削时可以有效避免刀具与工件碰撞、干涉，或发生过切的情况，且利于排屑。

（3）根据本任务零件的加工内容，进行刀具的选择，并完成表 2–5 刀具卡的填写。

表 2–5 刀具卡

产品名称或代号		零件名称		零件图号	
刀具号	刀具名称	数量	加工内容	刀尖圆弧半径 /mm	刀具规格 /（mm × mm）
T01	93°菱形外圆车刀	1	圆柱面、手柄曲面	0.4	20 × 20

4．切削用量的选择

金属切削加工的三大要素是被加工材料、切削工具、切削用量，这三要素决定着加工时间、刀具寿命和加工质量。经济有效的加工方式需要合理选择切削用量。

（1）简述切削用量的三要素和各自的选择原则。

切削速度、进给量（进给速度）和切削深度（背吃刀量）称为切削三要素。粗加工时，应尽量保证较高的金属切除率和必要的刀具耐用度，因此一般优先选择尽可能大的切削深度 a_p，其次选择较大的进给量 f，最后根据刀具耐用度要求，确定合适的切削速度 v_c。精加工时，应首先保证工件的加工精度和表面质量要求，因此一般选择较小的进给量 f 和切削深度 a_p，而尽可能选择较高的切削速度 v_c。

（2）查阅刀具切削用量手册（见表 1–28 常用硬质合金车刀切削用量），选择合适的切削用量，完成表 2–6 的填写。

表 2–6　　　　刀具切削用量表

刀具号	刀具名称	加工内容	主轴转速 /（r/min）	进给速度 /（mm/min）	背吃刀量 / mm
T01	93°菱形外圆车刀	粗车圆柱面、手柄曲面	800	80	1
T02	93°菱形外圆车刀	精车圆柱面、手柄曲面	1 000	50	0.15

5．装夹方案的选择

根据手柄的结构特点和加工方式，为本加工任务选择夹紧方案及夹具。

选择三爪自定心卡盘作为夹具。

首先装夹毛坯 $\phi 35$ mm × 95 mm 圆柱面，毛坯伸出长度≤ 45 mm，加工左端轮廓 $\phi 20_{-0.13}^{0}$ mm × 15 mm 圆柱面，R15 mm 部分圆弧面；掉头，将已加工的 $\phi 20_{-0.13}^{0}$ mm × 15 mm 圆柱面垫铜皮装夹，加工右端手柄曲面轮廓。

6．加工路线的确定

在图 2–4 所示手柄中绘制出手柄左、右端外轮廓表面的精加工路线，并标出刀具进给方向及进、退刀点。

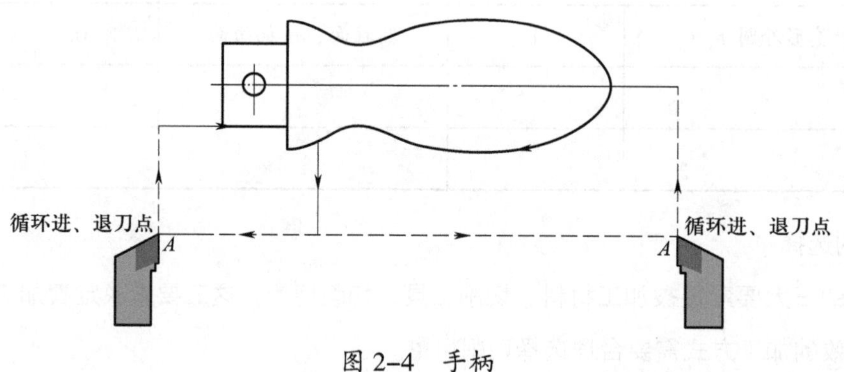

图 2–4　手柄

7．切削液的选择

（1）查阅资料，简述常用切削液的种类和适用场合。

常用的切削液有水溶液、乳化液和切削油三类。水溶液主要起冷却作用；乳化液主要起冷却和清洗作用，浓度高时有润滑作用；切削油主要起润滑作用。切削液适用于铸铁、合金钢、碳钢、不锈钢、高镍钢、耐热钢、模具钢等金属制品的切削加工、高速切削及重负荷切削加工，包括车削、铣削、镗削、高速攻螺纹、钻孔、铰削、拉削、滚齿等多种切削加工。

（2）根据手柄的材料、所选用的加工刀具和加工方法等因素，确定本任务是否需要使用切削液。若需要，应选择哪种切削液？

根据机床的机械性能和刀具的耐磨程度，手柄加工中应使用切削液，可选用乳化液。

8．手柄数控加工工序卡的制定

小组讨论（或独立）制定本任务零件数控加工工序，并完成表 2–7 数控加工工序卡的填写。

表 2–7 数控加工工序卡

<table>
<tr><td rowspan="2">单位名称</td><td rowspan="2"></td><td colspan="2">产品名称或代号</td><td colspan="2">零件名称</td><td colspan="2">零件图号</td></tr>
<tr><td colspan="2"></td><td colspan="2"></td><td colspan="2"></td></tr>
<tr><td>工序号</td><td>程序编号</td><td colspan="2">夹具名称</td><td colspan="2">使用设备</td><td colspan="2">车间</td></tr>
<tr><td></td><td></td><td colspan="2"></td><td colspan="2"></td><td colspan="2"></td></tr>
<tr><td>工步号</td><td>工步内容</td><td>刀具号</td><td>刀具规格 /
（mm × mm）</td><td>主轴转速 /
（r/min）</td><td>进给速度 /
（mm/min）</td><td>背吃刀量 /
mm</td><td>备注</td></tr>
<tr><td>1</td><td colspan="7">装夹 ϕ35 mm × 95 mm 圆柱面</td></tr>
<tr><td>2</td><td>车端面</td><td>T01</td><td>20 × 20</td><td>500</td><td>手轮进给</td><td>0.2</td><td></td></tr>
<tr><td>3</td><td>粗车左端 $\phi 20_{-0.13}^{0}$ mm × 15 mm 圆柱面、部分 R15 mm 圆弧面</td><td>T01</td><td>20 × 20</td><td>800</td><td>80</td><td>1</td><td></td></tr>
<tr><td>4</td><td>精车左端 $\phi 20_{-0.13}^{0}$ mm × 15 mm 圆柱面、部分 R15 mm 圆弧面</td><td>T01</td><td>20 × 20</td><td>1 000</td><td>50</td><td>0.15</td><td></td></tr>
<tr><td>5</td><td colspan="7">掉头，垫铜皮装夹 $\phi 20_{-0.13}^{0}$ mm × 15 mm 圆柱面并保证总长</td></tr>
<tr><td>6</td><td>粗车右端手柄曲面轮廓</td><td>T01</td><td>20 × 20</td><td>800</td><td>80</td><td>1</td><td></td></tr>
<tr><td>7</td><td>精车右端手柄曲面轮廓</td><td>T01</td><td>20 × 20</td><td>1 000</td><td>50</td><td>0.15</td><td></td></tr>
<tr><td>编制</td><td></td><td>审核</td><td></td><td>批准</td><td></td><td>共 页</td><td>第 页</td></tr>
</table>

三、编制手柄加工程序

1．编程基本知识

（1）填写表 2–8 中常用地址符的功能及意义。

表 2–8 常用地址符的功能及意义

地址符	功能	意义
O	程序名	定义程序名
N	程序段号	顺序号
G	准备功能	定义运动方式
X、Y、Z A、B、C U、V、W	坐标地址	坐标轴的移动指令
R		圆弧的半径
I、J、K		圆心坐标
F	进给速度	定义进给速度
S	主轴功能	定义主轴速度
T	刀具功能	定义刀具号
M	辅助功能	机床辅助动作
H、D	补偿号	定义刀具补偿号
P、X	暂停	定义暂停时间

（2）根据 G71 与 G90 指令的编程特点，完成表 2–9 的填写。

表 2–9 G71 与 G90 指令

G71 指令格式	适用加工零件类型	注意点
G71 U（Δd）R（e）; G71 P（ns）Q（nf）U（Δu）W（Δw）F__S__T__;	递增型或递减型非成形毛坯（棒料）的成形粗加工	ns 程序段必须沿 X 向下刀，只能出现 X 坐标值
G90 指令格式	**适用加工零件类型**	**注意点**
G90 X（U）__Z（W）__R__F__;	轴（套）类零件圆柱面、圆锥面的加工	R 值的计算和锥面 X 向起点的取值

2．手柄编程指令

通过对圆弧插补指令 G02/G03 和复合循环指令 G73 的学习，回答下列问题。

（1）根据圆弧插补指令，写出不同弧度圆弧的指令格式（表 2–10）。

表 2–10 圆弧插补指令格式

圆弧类型	圆弧插补指令格式	R 取值（正负）
$0° < \alpha \leq 180°$	G02/G03 X__Z__R__F__;	+
$180° < \alpha < 360°$	G02/G03 X__Z__R__F__;	–
$0° < \alpha \leq 360°$	G02/G03 X__Z__I__K__F__;	/

（2）简述 G02/G03 指令的判定方法。

从 Y 轴的正方向向负方向看去，顺时针圆弧为 G02，逆时针圆弧为 G03。

（3）根据图 2-5 所示的两个圆弧的运动方向，判别并填写圆弧插补指令。

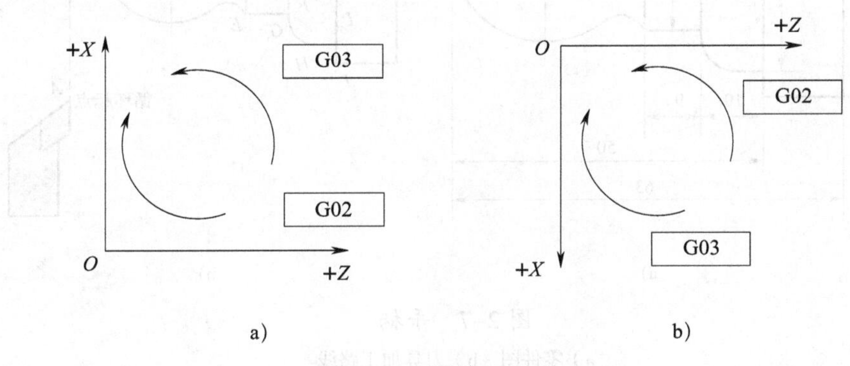

图 2-5 圆弧运动方向

a）后置刀架 b）前置刀架

（4）根据图 2-6 所示 AB1 和 AB2 圆弧段的运动方向，分别用 I、J 和 R 的圆弧编程方法完成表 2-11 圆弧程序段。

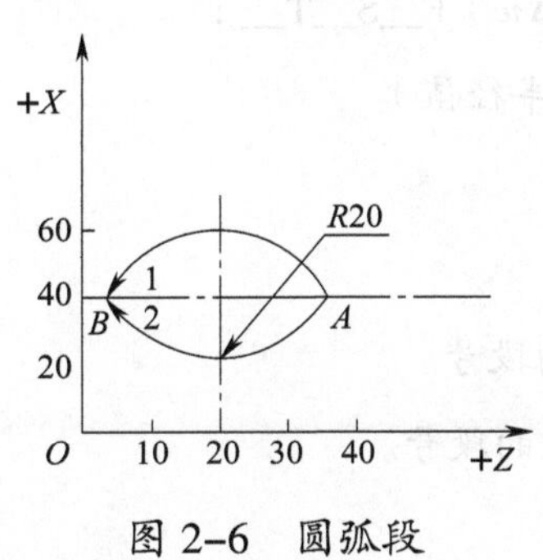

图 2-6 圆弧段

表 2-11 圆弧程序段

程序段	编程方式	程序
AB1	R 方式	G03 X40.0 Z2.68 R20.0;
	I、J 方式	G03 X40.0 Z2.68 I-10.0 K-17.32;
AB2	R 方式	G02 X40.0 Z2.68 R20.0;
	I、J 方式	G02 X40.0 Z2.68 I10.0 K-17.32;

（5）仔细观察图 2–7 所示手柄零件图和刀具加工路线，根据要求回答问题。

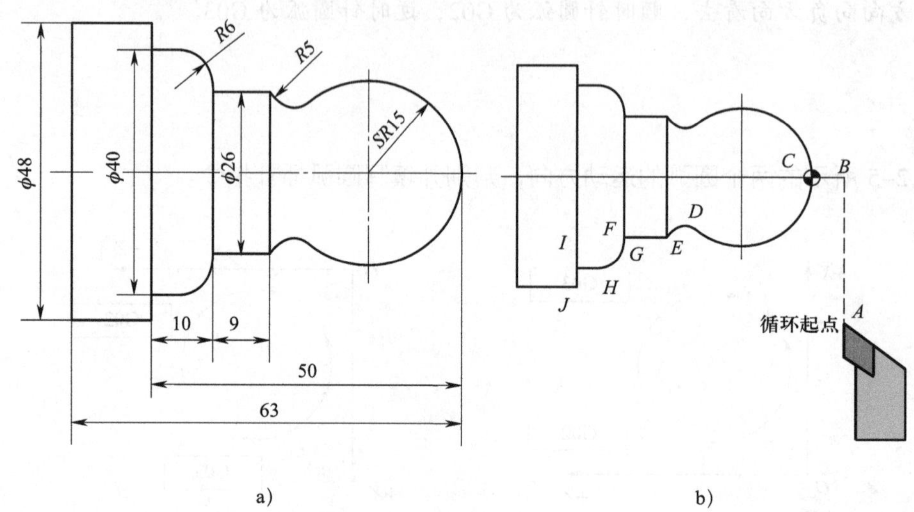

图 2–7 手柄

a）零件图 b）刀具加工路线

①根据加工图形和刀具路线设计要求，该轮廓可采用什么指令编程？写出该指令的格式及各参数含义。

该轮廓可采用 G73 指令编程。G73 指令格式：

G73 U（Δ*i*）W（Δ*k*）R（Δ*d*）;

G73 P（ns）Q（nf）U（Δ*u*）W（Δ*w*）F__S__T__ ;

Δ*i*——粗车时 *X* 向切除的总余量（半径值）。

Δ*k*——粗车时 *Z* 向切除的总余量。

Δ*d*——循环次数。

ns——精加工程序的第一个程序段的段号。

nf——精加工程序的最后一个程序段的段号。

Δ*u*——*X* 向精加工余量（直径量）。

Δ*w*——*Z* 向精加工余量。

F、S、T——粗加工循环中的进给速度、主轴转速与刀具功能。

②根据图 2–7b 所示坐标系原点位置，完成表 2–12 各编程基点绝对坐标值的填写。

表 2–12 各编程基点绝对坐标值

编程基点名称	编程基点坐标	编程基点名称	编程基点坐标
A	50，2	*F*	26，-40
B	0，2	*G*	28，-40
C	0，0	*H*	40，-46
D	23.974，-24.017	*I*	40，-50
E	26，-31	*J*	48，-50

③选用合适的指令，完成表 2–13轮廓的粗、精加工程序的编写。

表 2–13　　　　　　　　　　　　　轮廓的粗、精加工程序

	O0001;	程序名
程序段号	加工程序	程序说明
N5	……	程序初始化
N10	G00 X50.0 Z2.0;	快速定位到循环起点 *A*
N15	/G73 U5.5 W5.5 R3;	*X*、*Z* 轴退刀距离为 5.5 mm，分 3 层加工；*X* 向留 0.3 mm 余量；打开跳跃功能，实现精车
N20	/G73 P1.0 Q2.0 U0.3 W0.0 F80;	
N25	/N1 G00 X0.0;	精加工程序段
N30	G01 Z0.0 F60;	
N35	G03 X23.974 Z–24.017 R15.0;	
N40	G02 X26.0 Z–31.0 R5.0;	
N45	G01 Z–40.0;	
N50	X28.0;	
N55	G03 X40.0 Z–44.0 R6.0;	
N60	G01 Z–50.0;	
N65	N2 X50.0;	
N70	M30;	程序结束

④简述 G73 指令适合加工的零件类型及其编程注意点。

G73 指令主要用于高效切削铸造成形、锻造成形或已初步成形零件的加工编程。对不具备类似成形条件的零件，采用 G73 指令编程，会增加刀具在切削过程中的空行程，且计算粗车余量较为烦琐。

⑤简述刀具补正的种类与作用，并说明刀具半径补正方向的判别方法。

刀具补正分为刀具几何补正和刀具圆弧半径补正。刀具几何补正主要用于补偿刀具形状和刀具安装位置相对于编程时理想刀具或基准刀具的偏移和补偿当刀具磨损后刀具头部相对于原始尺寸的误差。刀具圆弧半径补正主要用于消除切削锥面或圆弧面时造成的过切或少切误差。

刀具半径补正方向的判别方法：沿 *Y* 轴负方向和刀具的移动方向看，当刀具处在加工轮廓左侧时，称为刀尖圆弧半径左补偿，用 G41 表示；当刀具处在加工轮廓右侧时，称为刀尖圆弧半径右补偿，用 G42 表示。

3．编制程序

（1）在图 2–8 所示手柄零件图中绘制出工件坐标系原点和轮廓编程基点，并写出轮廓编程基点的绝对坐标（如工件坐标系原点不止一个，则需要做简要说明）。

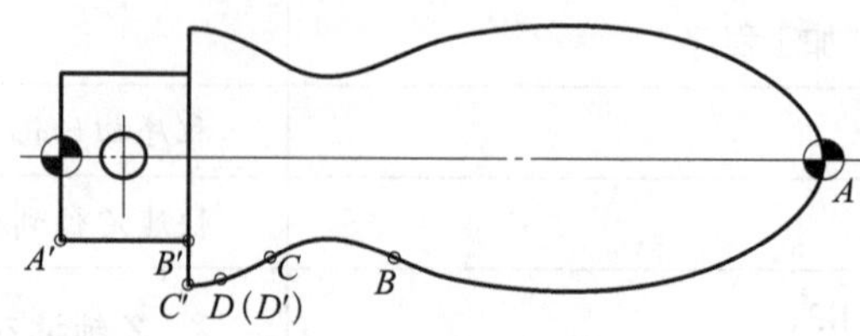

图 2–8　手柄零件图

右端轮廓 A（0，0）、B（21.54，–53.34）、C（23.9，–65.94）、D（29.73，–73）。左端轮廓 A′（25，0）、B′（25，–15）、C′（30，–15）、D′（29.73，–17）。

（2）编制手柄的数控车削程序，最好选用哪些切削指令？为什么？

最好选用 G90、G71、G73 等切削指令，以便于加工、简化程序和提高效率。

（3）根据零件加工步骤及编程分析，完成表 2–14 和表 2–15 手柄左、右端的数控车削程序。

表 2–14　零件左端加工程序

	O0001;	零件左端程序名
程序段号	加工程序	程序说明
N5	……	程序初始化
N10	G00 X37.0 Z2.0;	快速定位至循环起点
N15	G90 X31.0 Z–15.0 F80;	粗加工
N20	X29.0;	
N25	X27.0;	
N30	X25.0;	
N35	X23.0;	
N40	X20.3;	
N45	G00 X20.0;	精加工
N50	G01 Z–12.0; F50;	
N55	X30.0;	
N60	G03 X29.73 Z–17.0 R15;	
N65	G00 X100.0 Z100.0;	快速退刀
N70	M30;	程序结束

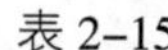

表 2-15 零件右端加工程序

	O0002;	零件右端程序名
程序段号	加工程序	程序说明
N5	……	程序初始化
N10	G00 X52.0 Z2.0;	快速定位至循环起点
N15	/G73 U17.0 R9.0;	*X* 轴退刀距离为 17 mm，分 9 层加工，*X* 向留 0.3 mm 余量，精车时打开跳跃功能
N20	/G73 P1.0 Q2.0 U0.3 F80;	
N25	N1 G01 X0.0 Z0.0 F50;	精加工
N30	G03 X21.54 Z-53.34 R-50.0;	
N35	G02 X23.9 Z-65.94 R12.0;	
N40	G03 X29.97 Z-74.0 R15.0;	
N45	N2 G01 X52.0;	
N50	M30;	程序结束

学习活动2　手柄的数控车加工

学习目标

1. 能够检查工作区、设备、工具、材料的状况和功能。

2. 能正确装夹工件，并对其进行找正。

3. 能根据零件图，选择符合加工要求的工具、量具、夹具及辅具。

4. 能正确对刀，建立工件坐标系。

5. 能正确进行程序的编辑、输入、调试与优化。

6. 能了解车间与工作区的范围和限制，理解企业对环境、安全、卫生和事故的预防标准。

7. 能规范、熟练地使用半径样板、检测样板等通用量具在加工过程中进行适时测量，及时调整加工参数，保证零件精度。

8. 能解决加工过程中出现的常见报警和机床故障问题。

9. 能按车间现场“6S”管理规定和产品工艺流程的要求，整理现场，正确放置工具、量具、刀具，保养机床，并规范填写保养记录表。

建议学时：30学时。

学习过程

一、加工准备

1．着装自检

根据生产车间着装管理规定，进行着装自检，并填入表 2–16 中。

表 2–16　　车间生产着装自检表

序号	着装要求	自检结果
1	若留长发，须束起并戴工作帽	
2	不可佩戴挂牌、项链等物件	
3	衣领外翻平整	
4	上衣拉链拉至领口处，纽扣扣好	
5	口袋上盖平整扣好，口袋内不放置笔、工作证以外的物品	
6	手臂侧兜内不放置笔以外的物品	
7	袖口和下摆两侧纽扣扣好	
8	不着裙装，不穿短裤	
9	工作鞋正确穿着，不穿拖鞋、凉鞋、高跟鞋	

2．选择工具、量具、刀具

填写表 2–17 工具、量具、刀具清单，并领取工具、量具、刀具。

表 2–17　　工具、量具、刀具清单

序号	名称	规格	数量	备注
1	93°外圆车刀	SDJCR2020K11	1	
2	外径千分尺	0 ～ 25 mm、25 ～ 50 mm	各 1	
3	游标卡尺	0 ～ 125 mm	1	
4	圆弧对刀样板	*R*10 mm、*R*50 mm、*R*12 mm、*R*15 mm	各 1	
5	刀架扳手、卡盘扳手	/	各 1	
6	加力杆	/	1	
7				

3．领取毛坯

领取毛坯，测量并记录所领毛坯的实际外形尺寸，判断毛坯是否有足够的加工余量及其外形是否满足加工条件。

二、零件的数控车加工

1．开机准备

（1）简述开机时通电的顺序和开机的注意事项。

先打开总电源开关，其次打开机床系统电源开关，最后向右旋出紧急停止按钮。

注意事项：机床通电前，先检查电压、气压、油压是否符合工作要求。检查机床运动部分是否处于正常工作状态。检查机床工作台位置是否正确。检查电气元件是否连接可靠。完成开机前的准备工作后方可打开总电源开关。开机后必须手动或自动回零，建立机床坐标系。开机预热，使机床达到平衡状态。关机后必须等待一段时间（至少 5 min）才可以再次开机，不要频繁进行开机或关机操作。

（2）回零的目的是什么？回零时要注意哪些事项？

回零的目的是建立机床坐标系。数控车床回零时要先观察各轴是否在机床零点附近，如果距离较近，反向移动一段距离，防止因距零点位置过近而发生过极限行程的轴报警。回零时，先回 X 轴零点，再回 Z 轴零点，防止机床与尾座产生干涉。

（3）回零后，机床出现哪种报警需要重新回零？

机床加工中出现断电、发生严重撞刀事故、使用过“机床锁住”按钮、发生伺服系统故障这几种情况时需重新回零，再次确认机床坐标系。

2．安装毛坯和刀具

（1）毛坯安装好后，若跳动较大，会对后续加工造成什么影响？该如何解决？

若跳动度较大，则后续加工中工件可能会晃动或弹出，加工零件的形状和尺寸误差较大。可用百分表找正或“一夹一顶”装夹的方式来解决此类问题。

（2）简述数控外圆车刀的装夹方法和注意事项。

装夹方法：操作“刀库正转或反转”按钮，将刀架的当前装夹位置旋转至操作者需要的刀具号位置，用干净棉布擦净刀具和刀架。将车刀位置放正，车刀不能伸出刀架太长，应尽可能伸出短些（保证切削刃伸出长度）。车刀安装完成后，依次旋紧刀架上的锁紧螺钉来固定刀具。

注意事项：安装前保证刀杆及刀片定位面清洁、无损伤。将刀杆安装在刀架上时，应保证刀杆安装方向正确。刀杆伸出长度一般为刀杆厚度的 1 ～ 1.5 倍。安装刀具时应保证刀尖与主轴的回转中心等高。车刀的主切削刃与零件的中心线呈 90°。

（3）两次装夹中，分别以 ϕ35 mm 毛坯圆柱面 和 $\phi 20_{-0.13}^{0}$ mm 圆柱面、R15 mm 圆弧左端面 为两次装夹的定位基准，来保证零件的加工工艺要求。

3．对刀和校验程序

（1）本任务中需要左、右两端分别对刀完成零件加工，分别采用了哪些对刀方法？并简述各方法的优缺点。

左、右端零件加工都可采用试切对刀法。试切对刀法的优点是直接采用加工刀具进行对刀，操作简单方便；缺点是手动切削中可能会在零件表面留下切削刀痕，影响零件表面质量，同时操作者测量时游标卡尺的摆放和锁紧程度会影响对刀精度。

（2）试比较对刀校验程序“T0101 G00 X0 Z50；”与“T0101 G00 X49.6（该值假设为对刀测量 X 直径值）Z50；”哪个程序段校验更精确？为什么？

第二个更精确。肉眼观察圆柱体的回转中心精度误差大，用第二种方式检验工件坐标系设立后的理论刀尖点位置和实际刀尖位置可以更直观地检测其误差大小。

（3）通过机床面板手动输入手柄的左、右端加工程序并进行程序校验。程序校验时，通常打开“图形显示”“机床锁住”和“空运行”功能键校验程序，程序校验中“机床锁住”和“空运行”的具体作用是什么？

“机床锁住”只限制轴向不能移动，M、S、T 等辅助功能仍有效执行，可检查所执行程序段是否正确，如出现错误（例如程序格式错误等），则显示程序报警画面，机床停止运行。

“空运行”可让机床按照指定速度快速运行，使用时刀具必须远离工件，不然会发生碰撞事故，可检查刀具运行轨迹是否正确。

（4）在表 2–18 中记录程序输入和校验时产生的报警号，并说明产生报警的原因及解决办法。

表 2–18 报警内容记录单

报警号	报警内容	报警原因	解决办法

4．自动加工

（1）左端轮廓自动加工

①采用连续方式对工件左端轮廓进行粗、精加工，并在加工过程中密切观察加工状态，如有异常及时停机检查，分析并记录异常原因。

②如在一个主程序中包含粗、精车程序，为便于控制尺寸测量，粗、精车程序可用什么指令分隔？

可用“M00”“M01”和“程序暂停”“/”和“跳选”三种方式来实现在一个程序中将粗、精车程序分隔开。

③为了保证零件加工精度，将零件左端轮廓粗、精加工中调试加工参数的名称及数据填入表 2–19 中，并分析其产生原因。

表 2–19　　左端轮廓调试加工参数名称及数值

序号	调试前加工参数名称	数据值	调试后数据值

产生原因：

④粗、精加工完成后，尺寸偏大，可用几种方式修改，如何操作?

可用修改程序或修改刀具补正的方式修改，以保证尺寸。

修改程序：修改程序坐标数值并重新运行轮廓程序，以保证尺寸。

修改刀具补正：一种方法是修正形状补正对刀值，将相应轴向坐标减小到偏差中间值，重新运行轮廓程序段；另一种方法是修正刀具磨耗值，找到当前所使用刀具的磨耗补偿位置，数值偏大则只需将刀具磨耗偏移存储器中的轴向值减小，调出原刀具及原程序重新加工，即可修复加工误差。

（2）掉头装夹，保护已加工表面。根据右端工件坐标系原点对刀并且保证零件总长。

（3）右端轮廓自动加工

对右端轮廓进行粗、精加工，并在加工过程中密切观察加工状态，如有异常及时停机检查。记录右端轮廓粗、精加工中调试加工参数的名称及数据填入表 2–20，并分析其产生原因。加工完毕，检测外轮廓表面有关尺寸是否符合图样要求。

表 2–20　　右端轮廓调试加工参数名称及数值

序号	调试前加工参数名称	数据值	调试后数据值

产生原因：

（4）加工中注意观察刀具切削加工情况，在表 2–21 中记录加工中不合理的因素及出现的问题，以便于纠正，提高工作效率（如切削用量、刀具加工路径等是否合理，刀具是否有干涉等）。

表 2–21　　加工中遇到的问题

问题	分析原因	预防措施	改进方法

（5）加工完毕，综合检测零件加工尺寸是否符合图样要求。若合格，将工件卸下，进行下一件的加工；若不合格，分析报废的原因并提出改进措施。

（6）根据零件加工路径，估算零件加工时间（估算方法：总时间约为实际加工路径的总距离除以进给量，再加上装夹零件和刀具、编程、调整参数等辅助时间）是否满足生产时间要求，为后续批量生产或工艺修调做准备。

三、保养机床，清理场地

加工完毕，按照图样要求进行自检，正确放置零件，并进行产品交接确认；按照国家环保相关规定和车间要求整理现场，清扫切屑，保养机床（表 2–22），并正确处置废油液等废弃物；按车间规定填写设备日常保养记录卡（附表 1）。

表 2–22　　机床清理操作

项目	操作步骤
机床清理	拆卸刀具和零件，工具、量具、刀具规范放置
	机床轴向移至机床参考点附近
	用毛刷将导轨平面、刀架和卡盘间隙的切屑清扫干净
	将机床导轨及刀架擦拭干净
	清扫机床切屑盘里的切屑，将切屑放置规定排放处
	导轨面、卡盘间隙、刀架处涂防锈油
	关机

1．简述切削废液处理不当的危害。

根据相关规定，使用切削油和切削液进行机械加工过程中产生的油和水、烃和水混合物或乳化液，含有毒物质，属于危险废物。大量的有毒物质长期堆积易引发癌症；处理不当，会恶化环境。油溶性切削液形成的油雾和水溶性切削液汽化形成的微液滴会刺激呼吸系统黏膜并引起炎症，烟雾的刺激性气味和切削液腐败产生的恶臭对呼吸道也有危害。

2．简述车间内正确清理机床切削液及处理切削液的方式。

车间应定期更换切削液，并将切削废液单独存放于专用的废液桶中。对于不能回收或再利用的切削液，必须送到指定的回收点或排污点并按规定处理，严禁随地排放。

学习活动 3　手柄的检验与加工质量分析

学习目标

1. 能根据零件图，合理选择检验量具。

2. 能规范、熟练地使用半径样板、检测样板等通用量具，对手柄进行检测并判断加工质量，分析误差原因，优化加工策略。

3. 能根据零件尺寸的测量结果，分析误差产生的原因。

建议学时：2 学时。

学习过程

一、明确测量要素，选取检测量具

1．选用圆弧检测量具

由于圆弧的形状比较特殊，常用半径样板和圆弧样板来检测其加工质量。

（1）用半径样板检测

如图 2–9 所示，半径样板也称 R 规，它利用光隙法测量圆弧半径，是一种测量精度要求不高的圆弧的常用量具。测量时必须使半径样板的测量面与工件的圆弧面完全紧密接触，当测量面与工件的圆弧面中间没有间隙时，工件的圆弧半径为此时半径样板上所表示的数字。

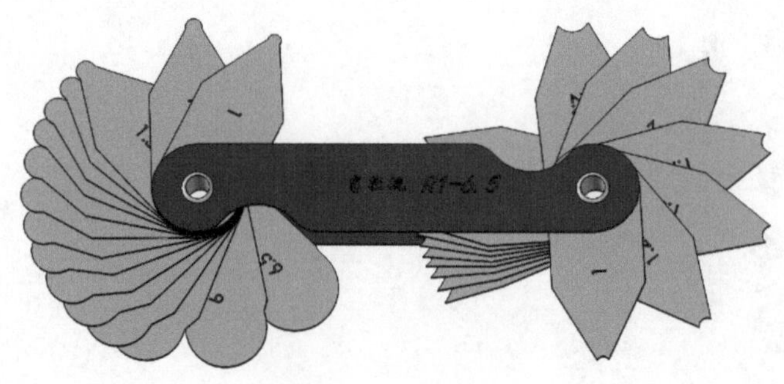

图 2–9　半径样板

（2）用圆弧样板检测

精度要求不高的场合常采用圆弧样板检测，如图 2–10 所示。

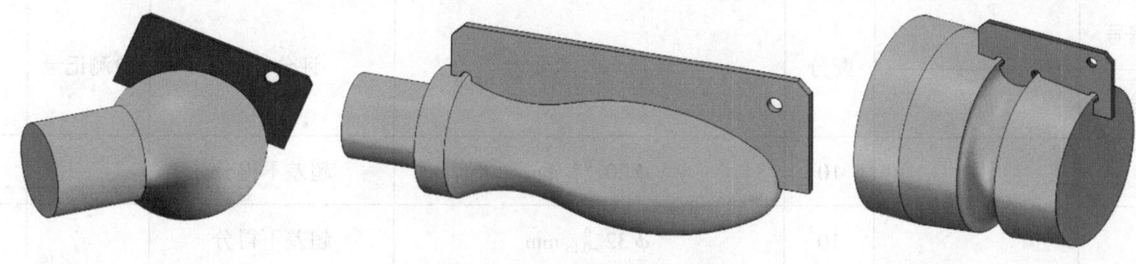

图 2–10 圆弧样板检测

（3）根据圆弧加工精度要求，本次拟采用哪种工具检测圆弧的加工质量？

本次拟采用圆弧样板检测圆弧的加工质量。

2．根据零件的被测量要素，填写表 2–23 中的检测内容及其所对应的量具。

表 2–23 检测内容及其所对应的量具

序号	量具名称	量具规格（精度）	检测内容	备注
1	圆弧样板	/	手柄曲面	
2	外径千分尺	0 ~ 25 mm、25 ~ 50 mm（0.01 mm）	圆柱面（$\phi 20_{-0.13}^{0}$ mm、$\phi 32_{-0.16}^{0}$ mm）	
3	游标卡尺	0 ~ 125 mm（0.02 mm）	长度［15 mm、8 mm、(90±0.1) mm］	

二、检测手柄零件，填写表 2–24

表 2–24　　手柄零件检测表

工件编号		配分	项目与技术要求	评分标准	检测记录	得分
序号	名称					
1	主要尺寸（60 分）	10	$\phi 20_{-0.13}^{\ 0}$ mm	超差不得分		
2		10	$\phi 32_{-0.16}^{\ 0}$ mm	超差不得分		
3		10	R15 mm	超差不得分		
4		10	R12 mm	超差不得分		
5		10	R50 mm	超差不得分		
6		10	R10 mm	超差不得分		
7	次要尺寸（18 分）	8	（90 ± 0.1）mm	超差不得分		
8		5	8 mm	超差不得分		
9		5	15 mm	超差不得分		
10	表面粗糙度（7 分）	7	Ra1.6 μm	降级不得分		
11	主观评分（10 分）	3.5	已加工零件倒角、倒圆、去毛刺是否符合图样要求			
12		3.5	已加工零件是否有划伤、碰伤和夹伤			
13		3	已加工零件与图样要求的一致性以及其余表面粗糙度			
14	更换毛坯（5 分）	5	是否更换毛坯	是 / 否		
15	职业素养	扣分	能正确穿戴工作服、工作鞋、安全帽等劳动防护用品。每违反一项扣 2 分			
16			能按机床使用规范正确进行开关机、对刀等基本操作。每误操作一次扣 2 分			
17			能规范使用及保养工具、量具和辅具。每违规操作一次扣 2 分			
18			能做好设备清洁、保养工作。不清洁、不保养扣 3 分；保养不彻底扣 2 分			
总配分		100		总得分		

三、根据产品加工质量情况分析并提出工艺方案修改意见

对不合格项目进行分析、讨论，小组提出工艺方案修改意见，完成表 2–25 的填写。

表 2–25　　　　加工质量分析表

不合格项目	工作任务项目	产生原因	预防及改进措施

四、常用量具保养

了解半径样板、圆弧样板等通用量具的清洗和保养规则，使用完后按要求保养、放置。

五、正确放置零件，并进行产品交接确认

学习活动 4　工作总结与评价

学习目标

1. 能按照手柄加工综合评价表完成自评。
2. 能积极主动获取有效工作内容，展示工作成果。
3. 能按分组情况派代表展示零件加工成果，使用专业术语讲述本任务的完成情况，并做分析总结。
4. 能客观评价其他组展示的成果，反思总结工作经验，提出改进措施，优化加工策略。
5. 能与班组长、工具管理员等相关人员进行有效的沟通与合作，提高工作效率。
6. 能结合自身任务完成情况，正确、规范地撰写工作总结（心得体会）。

建议学时：4 学时。

学习过程

学习评价以学习目标为导向，围绕学习过程设计评价要点，依据多元评价理论，从不同角度关注学生综合职业能力和职业素质的养成。在教学过程中，学习评价由自我评价、小组评价和教师评价三部分综合构成，检验并提升学生的综合职业能力。最终学生成绩按下式进行计算：总评成绩 = 自我评价（40%）+ 小组评价（10%）+ 教师评价（50%）。

一、自我评价

学生通过自我评价发现自己存在的问题和不足，自我评价总分占学习评价的 40%（其中产品评价占 20%，自我评价占 20%）。

自我评价表见附表 2。

二、小组评价

小组评价由“组内工作过程考核互评”和“组间展示互评”两部分组成。“组内工作过程考核互评”让学生在评价别人和接受别人评价中发现问题、解决问题。“组间展示互评”把个人制作好的零件先进行分组展示，再由小组推荐代表做工作过程的介绍。在展示的过程中，以组为单位进行评价；评价完成后，根据其他组成员对本组展示的成果评价意见进行归纳总结。通过组内和组间互相考核，促进学生按规范认真完成工作任务，也使评价者在互评中完成知识学习和素质养成，小组评价总分占学习评价的10%。

组内工作过程考核互评表见附表3。

组间展示互评表见附表4。

三、教师评价

教师评价的目的是提供有效的诊断和反馈，强化和改进教学的实施，对学生的学习过程进行评价。首先，教师对展示的作品分别做评价：一是找出各组的优点进行点评。二是对展示过程中各组的缺点进行点评，提出改进方法。三是对整个任务完成中出现的亮点和不足进行点评。其次，教师在教学过程中，根据学生的具体行为表现，按教师评价指标进行评价，教师评价总分占学习评价的50%。

教师评价表见附表5。

四、总结提升

1．通过本任务，掌握了哪些有关切削液应用的知识？

建议：教师引导学生从切削液的分类、作用、使用场合、切削废液处理不当的危害及切削废液的处理方式等几方面来总结回答。

2．简述按照本任务加工工序卡给定的加工顺序进行加工，对保障产品精度和质量有哪些意义。若变更加工顺序会产生怎样的影响？

建议：教师引导学生从加工顺序、加工方法、加工工序卡在产品加工中的作用等方面来回答加工工序对于产品精度控制和质量保障的意义。

3．简述在展示工作成果时需收集哪些有效工作内容？它们对成果汇报有什么作用？

建议：教师引导学生从展示工作成果时实际收集的内容及汇报效果等方面来回答。

4．在团队合作学习过程中，如发生较大意见分歧时，如何进行有效的沟通？

建议：教师引导学生结合实际工作中的分歧处理方式，从责任心、人际沟通技巧、团队合作精神等方面回答。

5．如何客观地评价其他组的工作汇报成果？

建议：教师引导学生从公正、公平、实事求是的角度，结合评价表内容等回答。

6．试结合自身任务完成情况，通过交流、讨论等方式较全面、规范地撰写本任务的工作总结（包含影响产品质量的因素、工艺顺序安排的依据和重要性、企业制订工作生产计划的理由等）。

工作总结（心得体会）

任务拓展

陀螺件的数控车加工

一、零件图

某企业接到一批陀螺件（图 2–11）加工订单，数量为 30 件。来料加工，材料为 45 钢，毛坯尺寸为 ϕ45 mm×50 mm，交货期为 7 天。该零件由圆柱体和圆弧面组成，生产主管计划用数控车床进行加工。

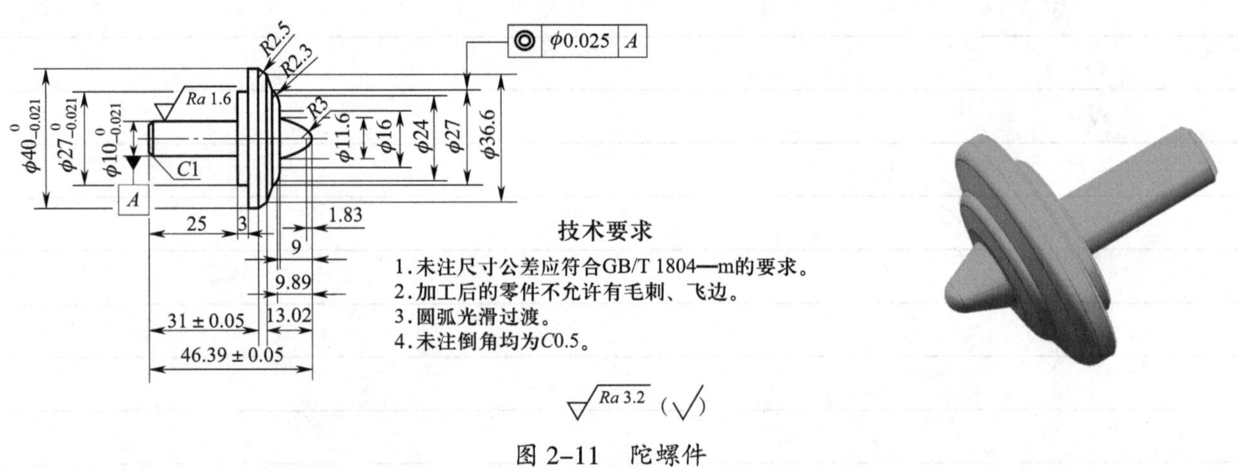

图 2–11　陀螺件

二、评分标准

按表 2–26 所示项目和技术要求检测陀螺件是否合格。

表 2–26　　陀螺件零件检测表

工件编号		配分	项目与技术要求	评分标准	检测记录	得分
序号	名称					
1	主要尺寸（48 分）	8	$\phi 40_{-0.021}^{0}$ mm	超差不得分		
2		8	$\phi 27_{-0.021}^{0}$ mm	超差不得分		
3		8	$\phi 10_{-0.021}^{0}$ mm	超差不得分		
4		4	ϕ11.6 mm	超差不得分		
5		4	ϕ16 mm	超差不得分		
6		4	ϕ24 mm	超差不得分		
7		4	ϕ27 mm	超差不得分		
8		4	ϕ36.6 mm	超差不得分		
9		4	◎ ϕ0.025 A	超差不得分		

续表

工件编号		配分	项目与技术要求	评分标准	检测记录	得分
序号	名称					
10	次要尺寸（28 分）	5	（31 ± 0.05）mm	超差不得分		
11		6	（46.39 ± 0.05）mm	超差不得分		
12		5	3 mm	超差不得分		
13		4	25 mm	超差不得分		
14		2	*C*1 mm	超差不得分		
15		6	*R*2.5 mm，*R*2.3 mm，*R*3 mm	超差不得分		
16	表面粗糙度（9 分）	2	*Ra*1.6 μm	降级不得分		
17		7	*Ra*3.2 μm（7 处）	降级不得分		
18	主观评分（10 分）	3.5	已加工零件倒角、倒圆、去毛刺是否符合图样要求			
19		3.5	已加工零件是否有划伤、碰伤和夹伤			
20		3	已加工零件与图样要求的一致性以及其余表面粗糙度			
21	更换毛坯（5 分）	5	是否更换毛坯	是 / 否		
22	职业素养	扣分	能正确穿戴工作服、工作鞋、安全帽等劳动防护用品。每违反一项扣 2 分			
23			能按机床使用规范正确进行开关机、对刀等基本操作。每误操作一次扣 2 分			
24			能规范使用及保养工具、量具和辅具。每违规操作一次扣 2 分			
25			能做好设备清洁、保养工作。不清洁、不保养扣 3 分；保养不彻底扣 2 分			
总配分			100	总得分		

世赛知识

世赛数控车项目简介

世界技能大赛，全称“国际技能奥林匹克大赛”，正式名称为国际技能竞技大会，创立于1950年，由当时的西班牙职业青年团发出倡议，邀请邻国葡萄牙各派12名选手进行技能比拼角逐，之后，随着参与国家和地区、比赛项目、选手人数逐年递增，每两年举办一次，是旨在展示和交流职业技能，构建加强技能合作的重要国际平台。

世界技能大赛项目共分为结构与建筑技术、创意艺术和时尚、信息与通信技术、制造与工程技术、社会与个人服务、运输与物流6个大类，56个比赛项目。

世界技能大赛的核心价值观是诚信、公开、公平、合作和创新。中国于2010年10月加入世界技能组织，首次派出代表团参加2011年英国伦敦第41届世界技能大赛，共参加数控车床、焊接等6个项目的比赛。在这次比赛中，中国石油天然气第一建设公司员工裴先峰勇夺焊接项目银牌，使中国首次参赛即实现了奖牌零的突破。

数控车项目是指使用数控车床对金属零件进行加工的竞赛项目，其中包括用常用的手动工具配合完成的相关工作。参赛选手需要根据图样进行数控编程、选择刀具、安装刀具、设定刀具参数等工作，并加工含有IT6级精度和高于IT6级精度的回转体工件。数控车竞赛项目允许在机床数控系统上直接编写程序，也可以利用CAM软件进行自动编程。

世界技能大赛数控车项目的比赛通常包括铝合金或碳钢材料回转体工件车加工和铣加工、铸铝材料回转体工件小批量加工、碳钢材料回转体工件加工3个模块，赛程为4天，每个模块的比赛时间为4 ~ 5 h。

学习任务三　带轮的数控车加工

学习目标

1. 能了解数控车间与工作区的范围和限制，理解企业对生产车间环境、安全、卫生、生产和事故的预防标准。

2. 能根据加工任务书，通过小组讨论，明确工作任务和要求，共同制订合理的工作计划。

3. 能根据任务书、零件图加工要求，通过查阅学习资料，确定加工基准，分析并制定数控加工工艺，完成加工工序卡的填写。

4. 能合理选择编程指令，完成带轮加工程序的编制。

5. 能按照数控加工车间安全防护规定，正确穿戴劳动防护用品，严格执行安全操作规程。

6. 能独立操作数控车床，完成带轮的加工，并解决在此过程中出现的简单报警和加工精度问题。

7. 能合理选择量具，规范、熟练地使用塞规、百分表等通用量具在加工过程中适时测量，并调整尺寸加工参数，保证零件精度。

8. 能按照零件精度要求，检验零件是否达到工艺要求并判断加工质量，分析误差原因，提出修改意见。

9. 能在作业过程中严格执行企业操作规范、安全生产制度、环保管理制度以及“6S”管理规定，严格遵守从业人员的职业道德，树立思考钻研、精益求精的工作态度和质量管控意识。

10. 能按车间现场“6S”管理规定和产品工艺流程的要求，正确放置工具、产品，对机床、工具进行维护保养，并规范填写保养记录表。

11. 能积极收集学习工作过程中的资料信息，团结协作，利用多媒体设备和专业术语展示学习成果。

12. 能尊重别人，认真倾听他人想法，总结反思，不断优化方案策略，并灵活运用，举一反三。

建议学时

48 学时。

工作情境描述

某企业接到一批带轮（图 3-1）的加工订单，数量为 30 件。来料加工，材料为 45 钢，毛坯尺寸为 ϕ85 mm×80 mm，交货期为 7 天。带轮属于盘类零件，由两个 V 形槽、内孔键槽（不在数控车床上加工）和圆柱体组成，生产主管计划用数控车床进行加工。

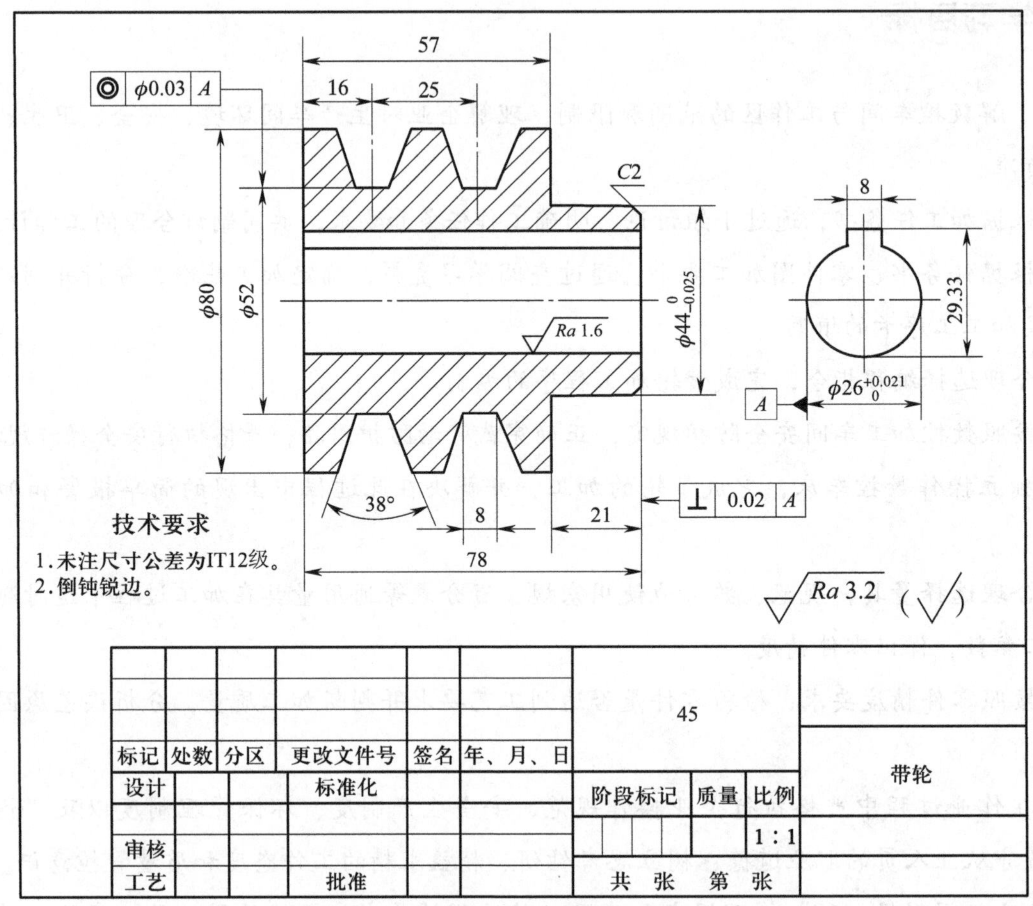

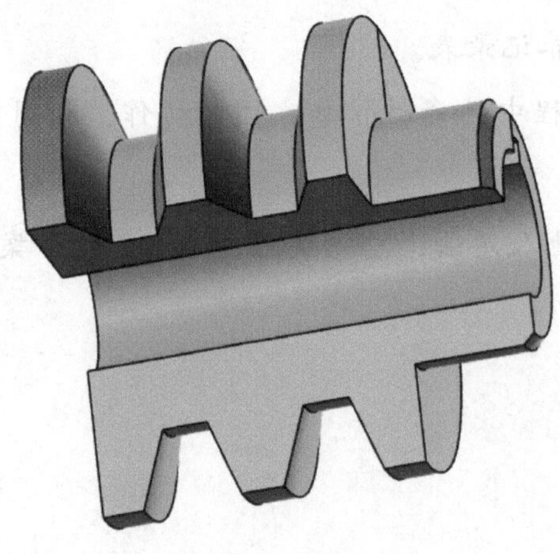

图 3-1　带轮

工作流程与活动

1．带轮的工艺分析与编程（6 学时）

2．带轮的数控车加工（36 学时）

3．带轮的检验与加工质量分析（2 学时）

4．工作总结与评价（4 学时）

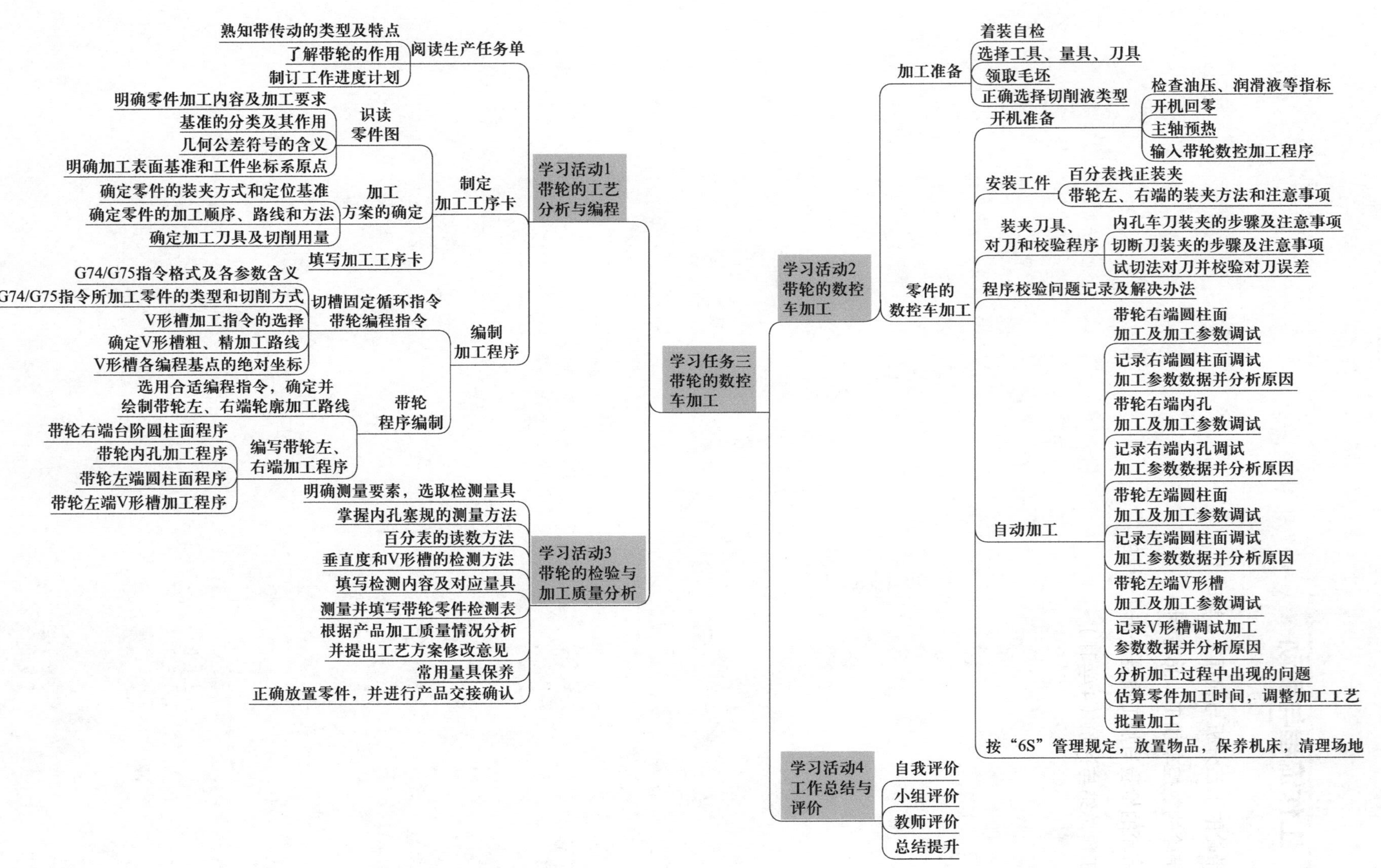
学习任务三 带轮的数控车加工
学习活动1 带轮的工艺分析与编程
阅读生产任务单
熟知带传动的类型及特点
了解带轮的作用
制订工作进度计划
制定加工工序卡
识读零件图
明确零件加工内容及加工要求
基准的分类及其作用
几何公差符号的含义
明确加工表面基准和工件坐标系原点
加工方案的确定
确定零件的装夹方式和定位基准
确定零件的加工顺序、路线和方法
确定加工刀具及切削用量
填写加工工序卡
编制加工程序
切槽固定循环指令
G74/G75指令格式及各参数含义
G74/G75指令所加工零件的类型和切削方式
带轮编程指令
V形槽加工指令的选择
确定V形槽粗、精加工路线
V形槽各编程基点的绝对坐标
带轮程序编制
选用合适编程指令，确定并绘制带轮左、右端轮廓加工路线
编写带轮左、右端加工程序
带轮右端台阶圆柱面程序
带轮内孔加工程序
带轮左端圆柱面程序
带轮左端V形槽加工程序
学习活动2 带轮的数控车加工
加工准备
着装自检
选择工具、量具、刀具
领取毛坯
正确选择切削液类型
零件的数控车加工
开机准备
检查油压、润滑液等指标
开机回零
主轴预热
输入带轮数控加工程序
安装工件
百分表找正装夹
带轮左、右端的装夹方法和注意事项
装夹刀具、对刀和校验程序
内孔车刀装夹的步骤及注意事项
切断刀装夹的步骤及注意事项
试切法对刀并校验对刀误差
程序校验问题记录及解决办法
自动加工
带轮右端圆柱面加工及加工参数调试
记录右端圆柱面调试加工参数数据并分析原因
带轮右端内孔加工及加工参数调试
记录右端内孔调试加工参数数据并分析原因
带轮左端圆柱面加工及加工参数调试
记录左端圆柱面调试加工参数数据并分析原因
带轮左端V形槽加工及加工参数调试
记录V形槽调试加工参数数据并分析原因
分析加工过程中出现的问题
估算零件加工时间，调整加工工艺
批量加工
按“6S”管理规定，放置物品，保养机床，清理场地
学习活动3 带轮的检验与加工质量分析
明确测量要素，选取检测量具
掌握内孔塞规的测量方法
百分表的读数方法
垂直度和V形槽的检测方法
填写检测内容及对应量具
测量并填写带轮零件检测表
根据产品加工质量情况分析并提出工艺方案修改意见
常用量具保养
正确放置零件，并进行产品交接确认
学习活动4 工作总结与评价
自我评价
小组评价
教师评价
总结提升

学习活动 1　带轮的工艺分析与编程

学习目标

1. 能阅读生产任务单，明确工作任务，通过小组讨论，共同制订合理的加工工作进度计划。

2. 能识别常见的传动方式类型及特点。

3. 能读懂零件图，借助技术手册，查阅并写出任务零件尺寸精度要求等信息。

4. 能根据零件工艺要求，正确选择车削加工方法。

5. 能根据加工工艺、零件材料和零件形状特征等要求，查阅技术手册，合理选择刀具及切削用量。

6. 能确定零件加工基准并制定带轮的数控加工工艺，填写加工工序卡。

7. 能根据零件图，选取正确的装夹方式。

8. 能写出径向、端面切槽的指令格式及各参数的含义。

9. 能正确选用车削指令，编写带轮数控车加工程序。

建议学时：6 学时。

学习过程

一、阅读生产任务单（表 3–1）

表 3–1　　带轮生产任务单

<table>
<tr><td colspan="2">单位名称</td><td colspan="2"></td><td>完成时间</td><td colspan="2">年　月　日</td></tr>
<tr><td>序号</td><td>产品名称</td><td>材料</td><td>生产数量</td><td colspan="3">技术标准、质量要求</td></tr>
<tr><td>1</td><td>带轮</td><td>45 钢</td><td>30</td><td colspan="3">按图样要求</td></tr>
<tr><td>2</td><td></td><td></td><td></td><td colspan="3"></td></tr>
<tr><td>3</td><td></td><td></td><td></td><td colspan="3"></td></tr>
<tr><td colspan="2">检测批准时间</td><td>年　月　日</td><td>批准人</td><td></td><td></td><td></td></tr>
<tr><td colspan="2">通知任务时间</td><td>年　月　日</td><td>发单人</td><td></td><td></td><td></td></tr>
<tr><td colspan="2">接单时间</td><td>年　月　日</td><td>接单人</td><td></td><td>生产班组</td><td>检测组</td></tr>
</table>

注：生产任务单与零件图等一起领取。

阅读表 3–1 带轮生产任务单，明确零件名称、材料、数量和完成时间，了解带轮的作用及性能，并回答下列问题。

1．如图 3–2 所示四种传动方式，查阅相关资料，回答下列问题。

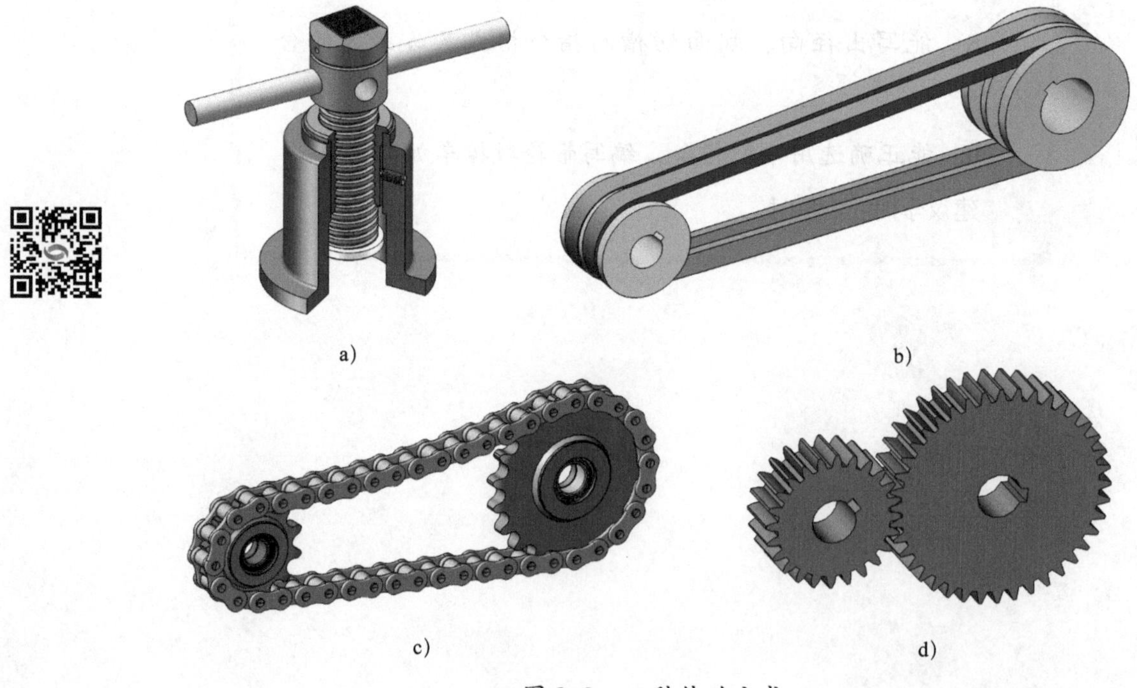

图 3–2　四种传动方式

（1）简述图 3–2a、b、c、d 所示分别属于哪种传动方式以及它们各自的特点。

图 3–2a 所示为螺杆传动，是利用螺杆和螺母组成的螺旋副来实现传动的。主要用于将回转运动转变为直线运动来传递动力。该传动可改变机构的运动方式和方向，省力，易自锁，但传动效率较低。

图 3–2b 所示为带传动，是具有中间挠性件的传动方式，在机械传动中应用较为普遍。适用于两轴中心距较大的传动，具有良好的挠性，可缓和冲击、吸收振动，结构简单，成本低廉，但带的使用寿命短，传动效率较低。

图 3–2c 所示为链传动，由两个具有特殊齿形的链轮和一条闭合的链条组成，工作时链轮与链条啮合传动。链传动制造和安装精度要求较低，结构简单，但传动平稳性差。

图 3–2d 所示为齿轮传动，由分别安装在主动轴和从动轴上的两个齿轮相互啮合而成。齿轮传动适用的圆周速度和功率范围广，工作可靠性高，寿命长，传动效率高，可实现任意角度相交轴、交错轴之间的传动，但制造精度、安装精度和成本要求较高，不适用于远距离传动。

（2）带轮的作用是什么？常用于哪些设备？

带轮主要用来传导机械能，通过传动带传递转矩和运动，主要用来变速，小带轮带动大带轮能降低速度，也能用来改变运动方向。带轮常用于小型柴油机动力的输出，如拖拉机、矿山机械、机械加工设备、纺织机械、摩托车、农业机械、空压机、减速机、发电机等。

2．本生产任务工期为 6 天，请根据任务要求，制订合理的工作进度计划，并根据小组成员的特点进行分工，完成表 3–2 的填写。

表 3–2　　工作进度计划表

序号	工作内容	时间	成员	负责人
1	工艺分析			
2	编制程序			
3	程序检验与试切削调试			
4	车削加工			
5	成品检验与质量分析			

二、根据零件图，制定加工工序卡

1．识读带轮零件图

（1）分析零件图，在表 3–3 中写出带轮的主要加工尺寸、几何公差要求和表面质量要求，为零件的编程做准备。

表 3–3　　　　　　　　带轮零件图分析

序号	项目	内容	偏差范围（数值）
1	主要加工尺寸	ϕ44 mm	$^{0}_{-0.025}$ mm
2		ϕ52 mm	$^{0}_{-0.3}$ mm
3		ϕ80 mm	$^{0}_{-0.3}$ mm
4		ϕ26 mm	$^{+0.021}_{0}$ mm
5		16 mm	$^{+0.09}_{-0.09}$ mm
6		25 mm	$^{+0.105}_{-0.105}$ mm
7		8 mm	$^{+0.15}_{0}$ mm
8		38°	±30′
9		21 mm	$^{+0.105}_{-0.105}$ mm
10		57 mm	$^{+0.15}_{0}$ mm
11		78 mm	$^{+0.15}_{0}$ mm
12	几何公差要求	◎ ϕ0.03 A	ϕ0.03 mm
13		⊥ 0.02 A	0.02 mm
14	表面质量要求	Ra3.2 μm、Ra1.6 μm	/

（2）基准通常分为哪几类？它们的作用是什么？零件图中的 A 符号属于什么基准类型？

按功用分，基准可分为设计基准和工艺基准。设计基准是在设计过程中，根据零件在机器中的位置、作用，为保证其使用性能而确定的基准。工艺基准是根据零件的加工工艺过程，为方便装夹、定位和测量而确定的基准。

按重要性分，基准可分为主要基准和辅助基准。主要基准是决定零件主要尺寸的基准。辅助基准是为了便于加工和测量而附加的基准。

按几何形式分，基准可分为面基准、线基准、点基准。

零件图中的 A 符号属于设计基准。

（3）查阅技术手册或咨询班组长等专业技术人员，完成表 3–4 中标注符号含义的填写。

表 3–4　　　　　　　　标注符号含义

标注符号	含义
◎ ϕ0.03 A	ϕ52 mm 圆柱面的中心线应位于直径为 0.03 mm 且中心线与键槽孔的中心线重合的圆柱面内
⊥ 0.02 A	带轮右端面应位于间距等于 0.02 mm 且垂直于键槽孔的中心线的两平行平面之间

（4）通过分析零件图，明确加工表面基准，确定零件加工的工件坐标系原点（图示说明），为选择合理的对刀方法做准备。

左端轮廓加工时以 O_1 为工件坐标系原点，右端轮廓加工时以 O_2 为工件坐标系原点。

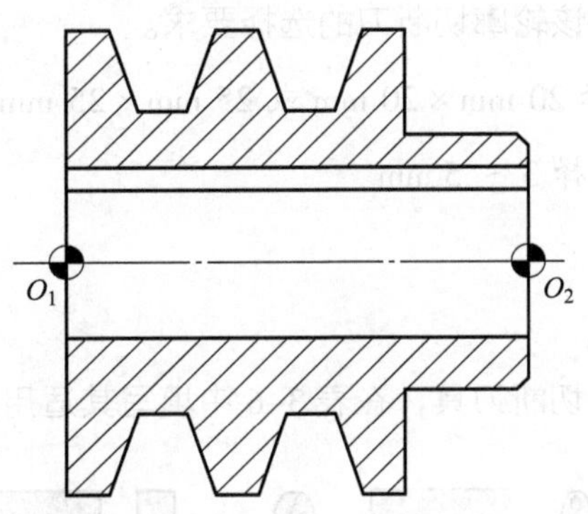

2．确定带轮的装夹方式和加工顺序及方法

（1）带轮是圆柱体内、外轮廓加工，所以可采用 三爪自定心卡盘 装夹工件， 两 次装夹，分别以 ϕ85 mm 毛坯圆柱面 和 $\phi 44_{-0.025}^{\ 0}$ mm 圆柱面、ϕ80 mm 圆柱右端面 作为定位基准。

（2）带轮的 V 形槽、圆柱体及内孔键槽表面粗糙度要求较高（分别为 $Ra3.2\ \mu m$ 和 $Ra1.6\ \mu m$），故采用 基面先行、先粗后精 原则来确定加工顺序。

（3）带轮内孔键槽的表面粗糙度要求为 $Ra1.6\ \mu m$，按孔加工要求，加工工序原则遵循 钻—扩—镗 方式。

（4）根据以上学习资料，确定带轮的加工顺序及加工方法，完成表 3–5 的填写。

表 3–5　　零件加工顺序及加工方法

序号	加工顺序	加工方法
1	右端内孔 $\phi 26_{0}^{+0.021}$ mm × 40 mm	钻—扩—镗
2	右端圆柱面 $\phi 44_{-0.025}^{\ 0}$ mm × 21 mm 和 ϕ80 mm × 30 mm	粗加工、精加工
3	左端内孔 $\phi 26_{0}^{+0.021}$ mm × 40 mm	粗加工、精加工
4	左端圆柱面 ϕ80 mm × 55 mm	粗加工、精加工
5	左端 V 形槽	粗加工、精加工

3．刀具的选择

数控车削中，切断刀主要用于切断、切槽、切端面等。切削时，如果切削区排屑困难、冷却不足、切削刃较窄、刀头厚度小或伸出过长等都会引起加工中振动、挤压、扎刀或打刀等情况。内孔类车刀可以实现内圆柱孔、台阶孔、内锥面、内圆弧表面的加工。

（1）加工本任务零件时，切断刀的选择应注意哪些问题？左、右刀尖有无倒圆角对加工有什么影响？若刀尖倒圆角，圆角半径值最宜取多少？

应根据槽的加工形状和尺寸，正确选择切断刀的刀宽、切削刃长和刀杆尺寸等参数。

切断刀左、右刀尖无倒圆角，在切削加工中易出现崩刃现象。一般刀尖圆角半径为 0.2 ～ 0.8 mm。

（2）根据零件槽加工图样，简述该轮廓切断刀的选择要求。

根据机床设备，刀架规格应选择 20 mm×20 mm 或 25 mm×25 mm 的刀杆。还应考虑刀具的工作角度、切削刃长。根据零件槽宽，刀宽应选择 3 ～ 5 mm。

（3）如图 3–3 所示为常用车槽和切断刀具，在表 3–6 中填写其适用加工场合。

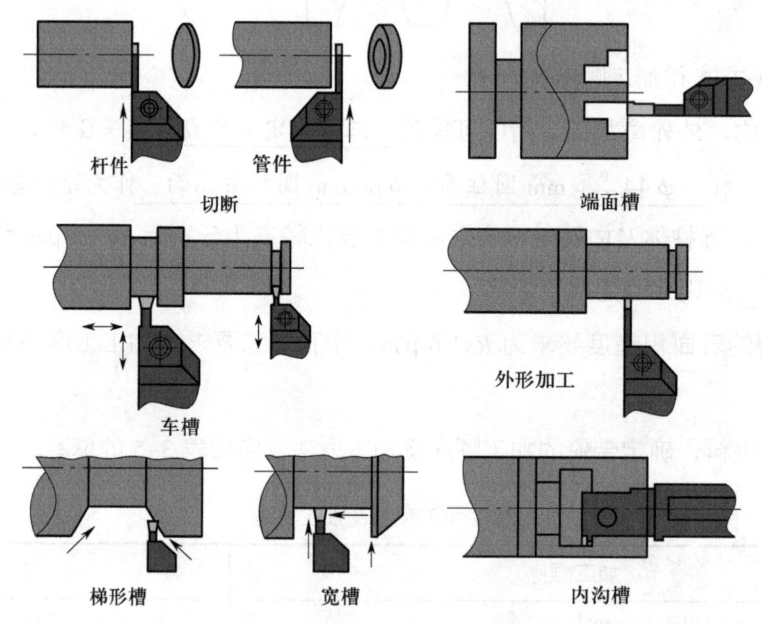

图 3–3 常用车槽和切断刀具

表 3–6 常用切断刀具的适用加工场合

序号	名称	图示	适用加工场合
1	刃磨切断刀		车槽（宽槽、梯形槽、浅槽）、外形加工
2	有槽切断白钢刀		车槽（宽槽、梯形槽、浅槽）、切断、外形加工
3	无槽切断白钢刀		车槽（宽槽、梯形槽、浅槽）、切断、外形加工

续表

序号	名称	图示	适用加工场合
4	数控机夹切断刀		车槽（宽槽、梯形槽、浅槽）、切断、外形加工
			车槽（宽槽、梯形槽、浅槽）、外形加工

（4）刀具可分为刃磨刀具和机夹刀具。刃磨刀具常用的有硬质合金刀具和高速钢刀具。机夹刀具在数控车床上一般使用数控机夹刀具，因为数控机夹刀具种类多样，刀片替换方便，可代替传统手工刃磨刀具，节省刃磨时间，提高加工效率。

①查阅数控刀具手册，简述数控车刀刀杆型号和刀片型号的表示方法。

按刀杆分，数控车刀可分为外圆车刀、内孔车刀、车槽刀、螺纹车刀四种类型。例如，外圆车刀刀杆型号为 PCLNR1616H09，其中“P”为夹紧方式代号；“C”为刀片形状代号；“L”为切削刃角度代号；“N”为刀片后角代号；“R”为车削进给状态代号；“16”为刀杆尺寸的高度；“16”为刀杆尺寸的宽度；“H”为刀杆长度代号；“09”为切削刃长度，可根据刀片形状查表获得。外圆车刀刀片型号为 CNMG120408，其中“C”为刀片形状代号；“N”为刀片后角代号；“M”为公差等级，可根据数控刀具手册查表获得；“G”为刀片形式代号；“12”为刀片切削刃长度；“04”为刀片厚度，单位为 mm；“08”为刀片刀尖圆弧半径，单位为 mm。

②简述下列刀片型号 CNMA120408 和刀杆型号 MCJNR2525 的含义。

CNMA120408：“C”表示菱形夹角为 80° 的刀片形状；“N”表示刀片后角为 0°；“M”表示刀片的厚度、长度、内径圆公差等级；“A”表示刀片形式为有孔的平面刀片；“12”表示切削刃长度为 12 mm；“04”表示刀片厚度为 4.76 mm；“08”表示刀尖圆弧半径为 0.8 mm。

MCJNR2525：“M”表示刀杆为上压和销孔夹紧方式；“C”表示刀片为切浅槽夹紧；“J”表示刀片座型号；“N”表示刀具后角为 0°；“R”表示正刀（左偏刀，左偏右切方式）；“25”表示刀杆高度；“25”表示刀杆宽度。

（5）如图 3–4 所示常见内孔刀具加工示意图，结合零件内部轮廓特征，简述该零件内孔车刀的选择要满足哪些要求。

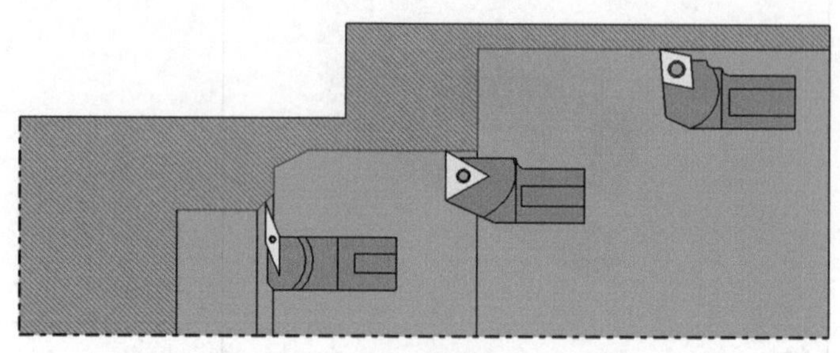

图 3–4　常见内孔刀具加工示意图

车刀刀杆直径必须小于麻花钻扩孔的孔直径；车刀刀杆长度要略大于孔深；刀具工作角度要便于内孔车刀切削和让刀排屑，一般选择刀具角度为 90° ~ 120°；刀片形状选择菱形刀片。

（6）根据本任务零件的加工内容，进行刀具的选择，并完成表 3–7 刀具卡的填写。

表 3–7　刀具卡

产品名称或代号		零件名称		零件图号	
刀具号	刀具名称	数量	加工内容	刀尖圆弧半径 /mm	刀具规格 /（mm × mm）
T01	90° 外圆车刀	1	粗、精加工 ϕ80 mm、$\phi 44_{-0.025}^{0}$ mm 圆柱面	0.4	20 × 20
T02	95° 内孔车刀	1	粗、精加工 $\phi 26_{0}^{+0.021}$ mm 内孔	0.4	ϕ16
T03	4 mm 车槽刀	1	粗车 V 形槽	0.4	20 × 20
T04	4 mm 车槽刀	1	精车 V 形槽	0.4	20 × 20

4．切削用量的选择

查阅刀具切削用量手册，确定合适的切削用量，完成表 3–8 的填写。

表 3–8　刀具切削用量表

刀具号	刀具名称	加工内容	主轴转速 /（r/min）	进给速度 /（mm/min）	背吃刀量 /mm
T01	90° 外圆车刀	粗、精加工 ϕ80 mm、$\phi 44_{-0.025}^{0}$ mm 圆柱面	800/1 000	100/50	1/0.15
T02	95° 内孔车刀	粗、精加工 $\phi 26_{0}^{+0.021}$ mm 内孔	600/1 000	100/50	1/0.15
T03	4 mm 车槽刀	粗车 V 形槽	500	50	2
T04	4 mm 车槽刀	精车 V 形槽	500	50	0.1

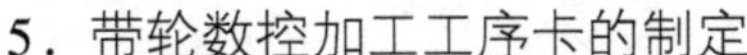

5．带轮数控加工工序卡的制定

小组讨论（或独立）制定本任务零件数控加工工序，并完成表 3–9 数控加工工序卡的填写。

表 3–9　　　　　　　　　　数控加工工序卡

单位名称		产品名称或代号		零件名称		零件图号	
工序号	程序编号	夹具名称		使用设备		车间	
工步号	工步内容	刀具号	刀具规格 /（mm × mm）	主轴转速 /（r/min）	进给速度 /（mm/min）	背吃刀量 / mm	备注
1	车端面	T01	90° 外圆车刀	500	手动或手轮进给	0.2	
2	钻中心孔	/	ϕ3 mm 中心钻	300	/	/	
3	扩 ϕ22 mm 孔（通孔）	/	ϕ22 mm 麻花钻	300	/	/	
4	粗车右端 ϕ22 mm × 40 mm 孔	T02	95° 内孔车刀	600	100	1	
5	精车右端 ϕ22 mm × 40 mm 孔	T02	95° 内孔车刀	1 000	50	0.15	
6	粗车右端圆柱面 $\phi 44_{-0.025}^{0}$ mm × 21 mm 和 ϕ80 mm × 30 mm	T01	90° 外圆车刀	800	100	1	
7	精车右端圆柱面 $\phi 44_{-0.025}^{0}$ mm × 21 mm 和 ϕ80 mm × 30 mm	T01	90° 外圆车刀	1 000	50	0.15	
8	掉头，垫铜皮装夹右端 $\phi 44_{-0.025}^{0}$ mm 圆柱面，保证总长						
9	粗车左端 ϕ22 mm × 40 mm 孔	T02	95° 内孔车刀	600	100	1	
10	精车左端 ϕ22 mm × 40 mm 孔	T02	95° 内孔车刀	1 000	50	0.15	
11	粗车左端圆柱面 ϕ80 mm × 55 mm	T01	90° 外圆车刀	800	100	1	
12	精车左端圆柱面 ϕ80 mm × 55 mm	T01	90° 外圆车刀	1 000	50	0.15	
13	粗车 V 形槽	T03	4 mm 车槽刀	500	50	2	
14	精车 V 形槽	T04	4 mm 车槽刀	500	50	0.1	
编制		审核		批准		共　页	第　页

三、编制带轮加工程序

1．带轮编程指令

（1）简述 G74、G75 两种指令的格式及各参数含义。

G74 指令格式：

G74 R（e）；

G74 X（U）__ Z（W）__ P（Δi）Q（Δk）R（Δd）F__ ；

e——每次切削的回退量，模态值。

X——切削终点的 X 向绝对坐标值。

Z——切削终点的 Z 向绝对坐标值。

U——切削终点相对于切削起点的 X 向增量。

W——切削终点相对于切削起点的 Z 向增量。

Δi——刀具完成一次轴向切削后在 X 方向的偏移量，用不带符号的半径量表示。

Δk——Z 轴方向的每次切削进给的背吃刀量，无正负符号，单位为 μm。

Δd——切削到终点的退刀量，为防止打刀，一般设为 0。

G75 指令格式：

G75 R（e）；

G75 X（U）_Z（W）_P（Δi）Q（Δk）R（Δd）；

e——切槽过程中的径向退刀量，半径值，单位为 mm。

X（U）、Z（W）——切槽终点处坐标。

Δi——切槽过程中的径向每次切入量，用不带符号的半径量表示，单位为 μm。

Δk——沿径向切完一个刀宽后退出在 Z 向的移动量，用不带符号的值表示，单位为 μm。

Δd——刀具切到槽底后，在槽底沿 Z 向的退刀量。

（2）G74 和 G75 指令分别适用于加工哪种槽类零件？两指令的切削方式有什么不同？

轴向切槽复合循环指令 G74 以径向进刀、轴向切削的方式，进行零件端面环形槽或中心深孔的加工。径向切槽复合循环指令 G75 以轴向进刀、径向切削的方式，进行零件径向环形槽（单槽、多槽）或切断加工。

（3）当 G74 指令的参数为 R0 和 Q50000 时，实现的功能相当于 扩孔 加工，其加工过程中不用 退刀 ，节省了加工时间。同时，当 G74 指令缺省 X、P、R（Δd）值时，相当于 深孔钻循环 。

（4）本任务中，V 形槽采用什么方法加工？用哪种切槽指令加工比较好？为什么？

V 形槽应采用粗、精加工的方法，粗加工用 G75 指令去除多余余量，精加工用 G00、G01 指令缩短刀具路线，简化程序，保证表面粗糙度要求。

（5）用 G75 指令加工 V 形槽，可以直接完成粗、精加工轮廓的尺寸精度要求吗？如果不可以，应用哪些指令加工 V 形槽？绘制粗、精加工路线图，并标明刀具循环起点及进、退刀方向和各编程基点。

不可以，由于 G75 指令格式的固定刀具路线轨迹，只能完成 V 形槽的粗车加工，精车可用插补指令 G01 和快速定位指令 G00 来完成。

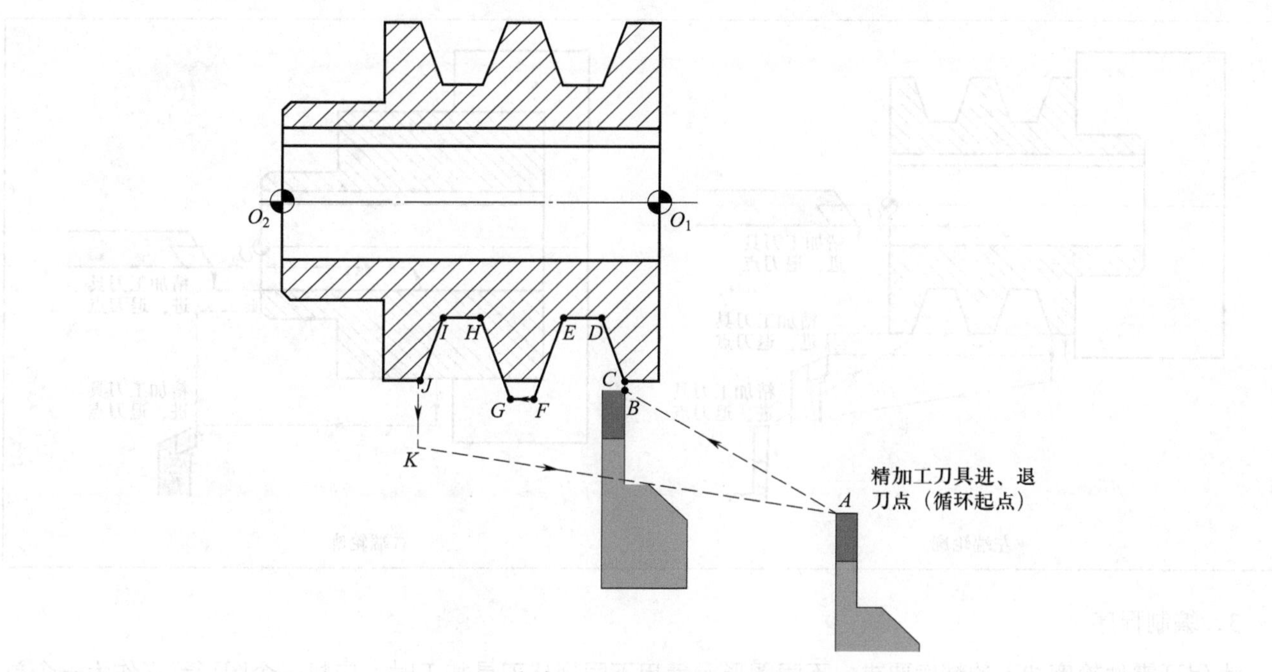

V 形槽精加工路线图和各编程基点

（6）根据上述 V 形槽粗、精加工路线各编程基点，计算出各编程基点绝对坐标值，并填入表 3-10 中。

表 3-10 各编程基点绝对坐标值

编程基点名称	编程基点坐标	编程基点名称	编程基点坐标
A	（100，100）	*G*	（88，-34.8）
B	（82，-11.18）	*H*	（52，-41）
C	（80，-11.18）	*I*	（52，-45）
D	（52，-16）	*J*	（80，-49.82）
E	（52，-20）	*K*	（90，-49.82）
F	（88，-26.2）		

（7）用 G74 指令加工 ϕ26 mm 内孔能保证尺寸精度吗？如果不能保证，应采用什么指令加工？编程中需注意什么？

不能，应采用 G71 指令加工。G71 指令编程时，要注意循环起点的 *X* 轴坐标参数和 *X* 向精车余量参数正负的设置。

2．加工路线的确定

轮廓加工路线的设计应保证加工路线最简原则，避免加工中出现过切、欠切及碰撞的危险。根据以上要求，设计带轮左、右端轮廓装夹及精加工路线，绘制装夹位置和加工路线图，并标出刀具进给方向及进、退刀点（不同轮廓可采用不同颜色标记）。

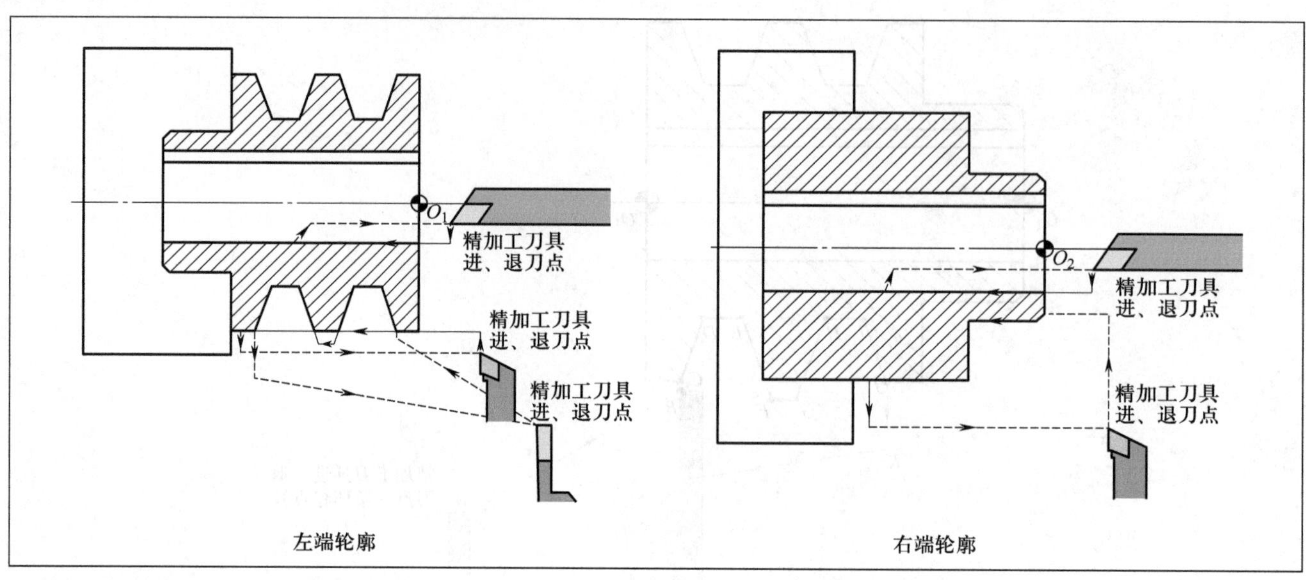

3．编制程序

为保证零件轮廓加工的精度要求，不同图形元素用不同规格刀具加工时，应将一个图形元素作为一个单独的程序，有利于解决加工中出现的问题。

完成表 3–11 至表 3–14 带轮的数控车削程序。

表 3–11　　带轮右端台阶圆柱面加工程序

O0001;	程序名
加工程序	程序说明

表 3–12　　带轮内孔加工程序

O0002;	程序名
加工程序	程序说明

续表

O0002；	程序名
加工程序	程序说明

表 3-13　　带轮左端圆柱面加工程序

O0003；	程序名
加工程序	程序说明

表 3-14　　带轮左端 V 形槽加工程序

O0004；	程序名
加工程序	程序说明

学习活动 2　带轮的数控车加工

学习目标

1. 能按照企业对生产车间环境、安全、卫生、生产和事故的预防标准，正确穿戴劳动防护用品，严格执行生产安全操作规程。

2. 能正确装夹工件，并对其进行找正。

3. 能根据零件图，选择符合加工要求的工具、量具、夹具及辅具。

4. 能正确选择本任务使用的切削液。

5. 能正确、规范地装夹切断刀和内孔车刀。

6. 能正确对刀，建立工件坐标系。

7. 能正确进行程序的编辑、输入、调试与优化。

8. 能规范使用内径千分尺、百分表、塞规等通用量具在加工过程中进行适时测量，及时调整加工参数，保证零件精度。

9. 能解决加工过程中出现的常见报警和机床故障问题。

10. 能按车间现场“6S”管理规定和产品工艺流程的要求，正确放置工具、量具、刀具，整理现场，保养机床，并规范填写保养记录表。

建议学时：36 学时。

学习过程

一、加工准备

1．着装自检

根据生产车间着装管理规定，进行着装自检，对不合格的情况按要求进行记录。

2．选择工具、量具、刀具

填写表 3–15 工具、量具、刀具清单，并领取工具、量具、刀具。

表 3–15 工具、量具、刀具清单

序号	名称	规格	数量	备注
1	90° 外圆车刀	MWLNR2020K08	1	
2	95° 内孔车刀	S16R–SDUCR11	1	
3	车槽刀	MGEHR2020–4	2	
4	游标卡尺	0 ～ 125 mm	1	
5	外径千分尺	25 ～ 50 mm，25 ～ 100 mm	各 1	
6	内孔塞规	ϕ26 mm	1	
7	角度样板	V 形槽专用角度样板	1	
8	直角尺	/	1	

3．领取毛坯

领取毛坯，测量并记录所领毛坯的实际外形尺寸，判断毛坯是否有足够的加工余量及其外形是否满足加工条件。

4．根据加工对象及所用刀具，正确选择切削液，并简述切削液的作用。

清洗、润滑、冷却、防锈。

二、零件的数控车加工

1．开机准备

（1）启动机床。

（2）机床各轴回参考点。

（3）输入数控加工程序。

2．安装工件

本任务需要进行左、右端加工两次装夹。当第一次加工完右端轮廓后，进行二次装夹时，右端装夹面为已加工表面，需用铜皮等辅助工具保护已加工表面进行第二次装夹，避免产生夹痕影响表面粗糙度，同时用百分表进行找正。

3．装夹刀具

（1）简述内孔车刀装夹的步骤及校验方法。

擦净刀具和刀架安装位置，摆正刀具，刀尖应与工件中心等高或略高（如果低于工件中心，会因为切削抗力造成扎刀或导致孔径扩大）。刀柄伸出长度比被加工孔长 5 ~ 6 mm，刀柄平行于工件中心线。依次旋紧刀架螺钉来固定刀具位置，夹紧刀具。通过试切或者旋转主轴使刀具靠近工件中心来检验刀具装夹是否准确。

（2）如图 3–5 所示，简述切断刀装夹的步骤及校验方法。

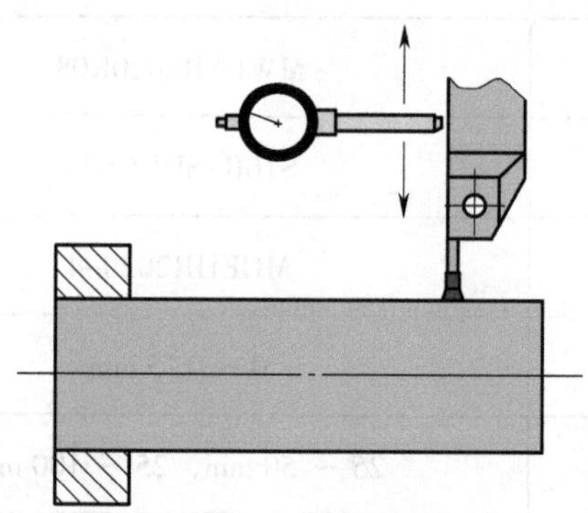

图 3–5 切断刀装夹

擦净刀具和刀架安装位置。安装时，切断刀不宜伸出过长，同时切断刀的中心线必须与工件中心线垂直，以保证两个副偏角对称。切断刀的主切削刃必须与工件中心等高，否则不能车到工件中心，且容易崩刃，甚至折断车刀。刀杆装夹面与刀架接触面平行且靠紧，以保证刀具装正。依次旋紧刀架螺钉来固定刀具位置，夹紧刀具。可采用试切法或用百分表校验刀杆直线度。

4．对刀和校验程序

（1）通过试切法设置工件坐标系原点并校验刀具的对刀误差。

（2）校验程序

在表 3–16 中记录程序输入和校验时产生的报警号，并说明产生报警的原因及解决办法。

表 3–16　　报警内容记录单

报警号	报警内容	报警原因	解决办法

5．自动加工

（1）右端轮廓自动加工

①转入自动加工模式，采用单段方式对工件右端圆柱面进行试切加工，并在加工过程中密切观察加工状态，如有异常现象及时停机检查，分析并记录异常原因。

②右端圆柱面粗加工完毕，精确测量加工尺寸，根据测量结果，修改刀具补正值，再进行精加工。若粗加工尺寸误差较大，调试加工参数，将调试数据和名称记录在表 3–17 中，并分析误差原因。

表 3–17　　右端圆柱面调试加工参数名称及数值

序号	调试前加工参数名称	数据值	调试后数据值

产生原因：

③对内孔进行粗、精加工，粗加工结束后，测量尺寸是否和粗加工尺寸一致，表面粗糙度是否达到要求。如有误差，调试加工参数，分析原因并填写表 3–18。

表 3–18　　内孔调试加工参数名称及数值

序号	调试前加工参数名称	数据值	调试后数据值

产生原因：

（2）左端轮廓自动加工

①左端面圆柱粗加工完毕，测量尺寸是否和粗加工尺寸一致，表面粗糙度是否达到要求。如有误差，调试加工参数，分析原因并填写表 3–19。

表 3–19　　左端圆柱面调试加工参数名称及数值

序号	调试前加工参数名称	数据值	调试后数据值

产生原因：

② V 形槽粗加工完毕，测量尺寸是否和粗加工尺寸一致，表面粗糙度是否达到要求。如有误差，调试加工参数，分析原因并填写表 3–20。

表 3–20　　V 形槽调试加工参数名称及数值

序号	调试前加工参数名称	数据值	调试后数据值

产生原因：

（3）加工中注意观察刀具切削加工情况，在表 3–21 中记录加工中不合理的因素及出现的问题，以便于纠正，提高工作效率（如切削用量、刀具加工路径等是否合理，刀具是否有干涉等）。

表 3–21 加工中遇到的问题

问题	分析原因	预防措施	改进方法

（4）加工完毕，综合检测零件加工尺寸是否符合图样要求。若合格，将工件卸下，进行下一件的加工；若不合格，分析报废的原因并提出改进措施。

（5）根据零件加工路径，估算零件加工时间（估算方法：总时间约为实际加工路径的总距离除以进给量，再加上装夹零件和刀具、编程、调整参数等辅助时间）是否满足生产时间要求，为后续批量生产或工艺修调做准备。

三、保养机床，清理场地

加工完毕，按照图样要求进行自检，正确放置零件，并进行产品交接确认；按照国家环保相关规定和车间要求整理现场，清扫切屑，保养机床，并正确处置废油液等废弃物；按车间规定填写设备日常保养记录卡（附表 1）。

简述数控车床润滑油的更换和清理要求。

数控车床的润滑油一般半年更换一次，更换前应该对机床的液压系统、主轴润滑系统以及 X 轴进行检查和清洗。换油时，应先将废油放尽，然后用专用工具把油箱内冲洗干净后，再注入新润滑油。注油时应用网过滤，且油面不得低于油标中心线。平时开机时要检查油液是否充足，当低于最小刻度时要及时注油，避免无润滑油启动机器造成机床设备零部件的磨损。

学习活动 3　带轮的检验与加工质量分析

学习目标

1. 能根据零件图，合理选择检验量具。

2. 能规范、熟练地使用内孔塞规、百分表等通用量具，对带轮进行检测并判断加工质量。

3. 能根据零件尺寸的测量结果，分析误差产生的原因，优化加工策略。

4. 能按照生产车间管理要求，正确放置工具、量具。

建议学时：2 学时。

学习过程

一、明确测量要素，选取检测量具

1．查阅资料，识别图 3–6 所示量具并在表 3–22 中填写量具的名称及测量内容。

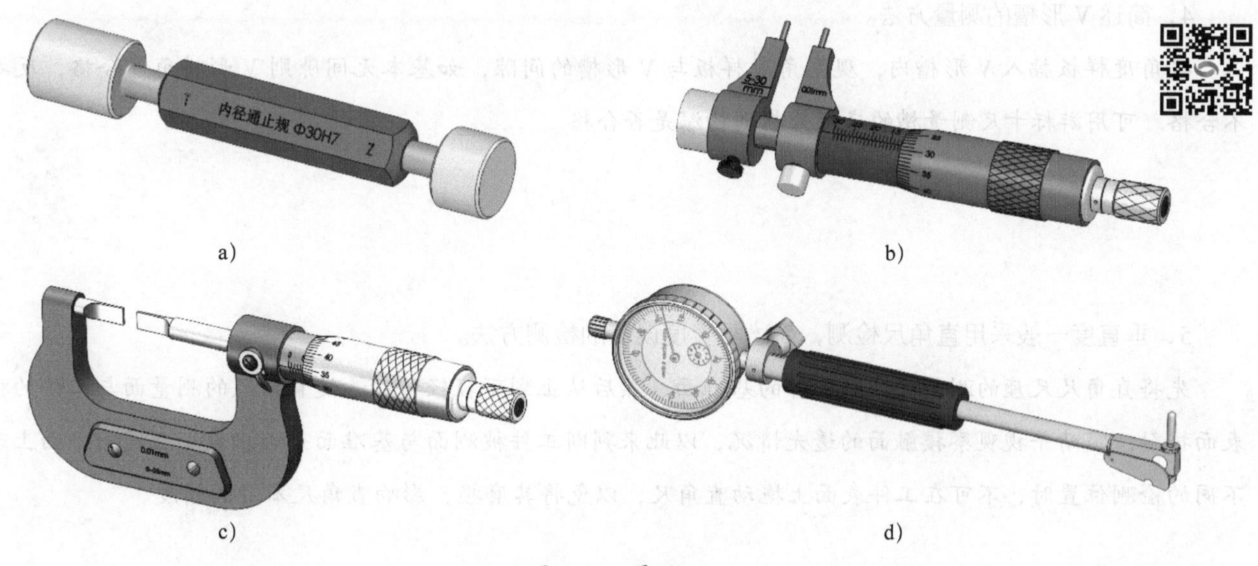

a)　b)　c)　d)

图 3–6　量具

表 3-22 量具名称及测量内容

序号	量具名称	测量内容
a	内孔塞规	内孔直径
b	内径千分尺	内孔直径
c	外径千分尺	外圆直径
d	内径百分表	内孔直径

2．简述内孔塞规的测量方法。

先根据被测孔的直径，选择合适规格的内孔塞规，并擦拭干净。将内孔塞规的通端插入内孔，能顺利通过且无过大间隙；将内孔塞规的止端插入内孔，不能插入的，则内孔合格。

3．简述百分表的读数方法。

先读小指针转过的刻度线（毫米整数），再读大指针转过的刻度线并估读一位（小数部分），将大指针读数乘以 0.01 后，两者相加，即得到所测量的数值。

4．简述 V 形槽的测量方法。

将角度样板插入 V 形槽内，观察角度样板与 V 形槽的间隙，如基本无间隙则 V 形槽角度合格，反之则不合格。可用游标卡尺测量槽的底径来判别槽深是否合格。

5．垂直度一般采用直角尺检测，简述垂直度误差的检测方法。

先将直角尺尺座的测量面紧贴工件的基准面，然后从上到下轻轻移动，使直角尺的测量面与工件的被测表面接触，眼睛平视观察接触面的透光情况，以此来判断工件被测面与基准面是否垂直。在同一平面上改变不同的检测位置时，不可在工件表面上拖动直角尺，以免将其磨损，影响直角尺本身的精度。

6．根据零件的被测量要素，填写表 3–23 中的检测内容及其所对应的量具。

表 3–23　　检测内容及其所对应的量具

序号	量具名称	量具规格（精度）	检测内容	备注
1	游标卡尺	0 ~ 125 mm（0.02 mm）	长度（21 mm、78 mm、57 mm）、槽径（ϕ52 mm）	
2	外径千分尺	25 ~ 50 mm、75 ~ 100 mm（0.01 mm）	外径（$\phi 44_{-0.025}^{0}$ mm、ϕ80 mm）	
3	内孔塞规	ϕ26 mm	内孔（$\phi 26_{0}^{+0.021}$ mm）	
4	百分表及磁性表座	40 mm（0.01 mm）	垂直度、同轴度	
5	角度样板	V 形槽专用角度样板	V 形槽	

二、检测带轮零件，填写表 3–24

表 3–24　　带轮零件检测表

工件编号 序号	名称	配分	项目与技术要求	评分标准	检测记录	得分
1	主要尺寸（65 分）	8	$\phi 44_{-0.025}^{0}$ mm	超差不得分		
2		6	ϕ52 mm	超差不得分		
3		6	ϕ80 mm	超差不得分		
4		8	$\phi 26_{0}^{+0.021}$ mm	超差不得分		
5		7	16 mm	超差不得分		
6		7	25 mm	超差不得分		
7		7	8 mm	超差不得分		
8		8	38°	超差不得分		
9		4	◎ ϕ0.03 *A*	超差不得分		
10		4	⊥ 0.02 *A*	超差不得分		
11	次要尺寸（14 分）	4	21 mm	超差不得分		
12		4	57 mm	超差不得分		
13		4	78 mm	超差不得分		
14		2	*C*2 mm	超差不得分		
15	表面粗糙度（6 分）	2	*Ra*1.6 μm	降级不得分		
16		1×4	*Ra*3.2 μm（4 处）	降级不得分		
17	主观评分（10 分）	3.5	已加工零件倒角、倒圆、去毛刺是否符合图样要求			
18		3.5	已加工零件是否有划伤、碰伤和夹伤			
19		3	已加工零件与图样要求的一致性以及其余表面粗糙度			

续表

工件编号		配分	项目与技术要求	评分标准	检测记录	得分
序号	名称					
20	职业素养	扣分	能正确穿戴工作服、工作鞋、安全帽等劳动防护用品。每违反一项扣 2 分			
21			能按机床使用规范正确进行开关机、对刀等基本操作。每误操作一次扣 2 分			
22			能规范使用及保养工具、量具和辅具。每违规操作一次扣 2 分			
23			能做好设备清洁、保养工作。不清洁、不保养扣 3 分；保养不彻底扣 2 分			
总配分			100	总得分		

三、根据产品加工质量情况分析并提出工艺方案修改意见

对不合格项目进行分析、讨论，小组提出工艺方案修改意见，完成表 3–25 的填写。

表 3–25 加工质量分析表

不合格项目	工作任务项目	产生原因	预防及改进措施

四、常用量具保养

了解内孔塞规、百分表等通用量具的清洗和保养规则，使用完后按要求保养、放置。

五、正确放置零件，并进行产品交接确认

学习活动 4 工作总结与评价

学习目标

1. 能按照带轮加工综合评价表完成自评。

2. 能按分组情况派代表展示零件加工成果，使用专业术语讲述本任务的完成情况，并做分析总结。

3. 能就本任务中出现的问题，反思总结工作经验，提出改进措施，优化加工策略。

4. 能总结经验，形成自主学习的有效方法。

5. 能主动承担工作内容分工，配合班组长和组员高效率完成工作任务。

6. 能结合自身任务完成情况，正确、规范地撰写工作总结（心得体会）。

建议学时：4 学时。

学习过程

学习评价以学习目标为导向，围绕学习过程设计评价要点，依据多元评价理论，从不同角度关注学生综合职业能力和职业素质的养成。在教学过程中，学习评价由自我评价、小组评价和教师评价三部分综合构成，检验并提升学生的综合职业能力。最终学生成绩按下式进行计算：总评成绩 = 自我评价（40%）+ 小组评价（10%）+ 教师评价（50%）。

一、自我评价

学生通过自我评价发现自己存在的问题和不足，自我评价总分占学习评价的 40%（其中产品评价占 20%，自我评价占 20%）。

自我评价表见附表 2。

二、小组评价

小组评价由“组内工作过程考核互评”和“组间展示互评”两部分组成。“组内工作过程考核互评”让学生在评价别人和接受别人评价中发现问题、解决问题。“组间展示互评”把个人制作好的零件先进行分组展示，再由小组推荐代表做工作过程的介绍。在展示的过程中，以组为单位进行评价；评价完成后，根据其他组成员对本组展示的成果评价意见进行归纳总结。通过组内和组间互相考核，促进学生按规范认真完成工作任务，也使评价者在互评中完成知识学习和素质养成，小组评价总分占学习评价的10%。

组内工作过程考核互评表见附表 3。

组间展示互评表见附表 4。

三、教师评价

教师评价的目的是提供有效的诊断和反馈，强化和改进教学的实施，对学生的学习过程进行评价。首先，教师对展示的作品分别做评价：一是找出各组的优点进行点评。二是对展示过程中各组的缺点进行点评，提出改进方法。三是对整个任务完成中出现的亮点和不足进行点评。其次，教师在教学过程中，根据学生的具体行为表现，按教师评价指标进行评价，教师评价总分占学习评价的 50%。

教师评价表见附表 5。

四、总结提升

1．简述加工过程中的注意事项。

建议：根据实际加工，从任务计划、工艺安排、指令学习、加工测量等方面回答。

2．通过带轮数控车加工的学习，在工艺、编程、加工和排故等方面有哪些提高？

建议：根据实际加工，从任务的实施过程和完成结果，结合自身在工艺、编程、加工、排故等方面的学习成果回答。

3．通过齿轮箱定位台阶轴、手柄和带轮数控车加工的学习，学会了哪些加工方法？

建议：结合台阶轴、手柄、带轮学习任务中对外圆面、圆弧面、曲面、槽、内孔轮廓的加工指令的切削方式等回答。

4．企业工作生产中，如果生产计划、工序、工时、成本预算安排不当，会造成哪些影响？给企业带来哪些损失？

建议：查阅资料，并结合实际工作任务中的成本估算情况、任务完成情况等回答。

5．在个人汇报环节，如何提升专业术语使用的准确性和汇报能力？

建议：根据自身情况总结提升专业知识汇报能力与语言表述的方法。

6．试结合自身任务完成情况，通过交流、讨论等方式较全面、规范地撰写本任务的工作总结（包含影响产品质量的因素、工艺顺序安排的依据和重要性、企业制订工作生产计划的理由等）。

工作总结（心得体会）

任务拓展

开口槽的数控车加工

一、零件图

某企业接到一批开口槽零件（图 3–7）加工订单，数量为 30 件。来料加工，材料为 45 钢，毛坯尺寸为 ϕ50 mm×40 mm，交货期为 7 天。该零件由圆柱体、内孔、内锥面、端面槽和径向槽组成，生产主管计划用数控车床进行加工。

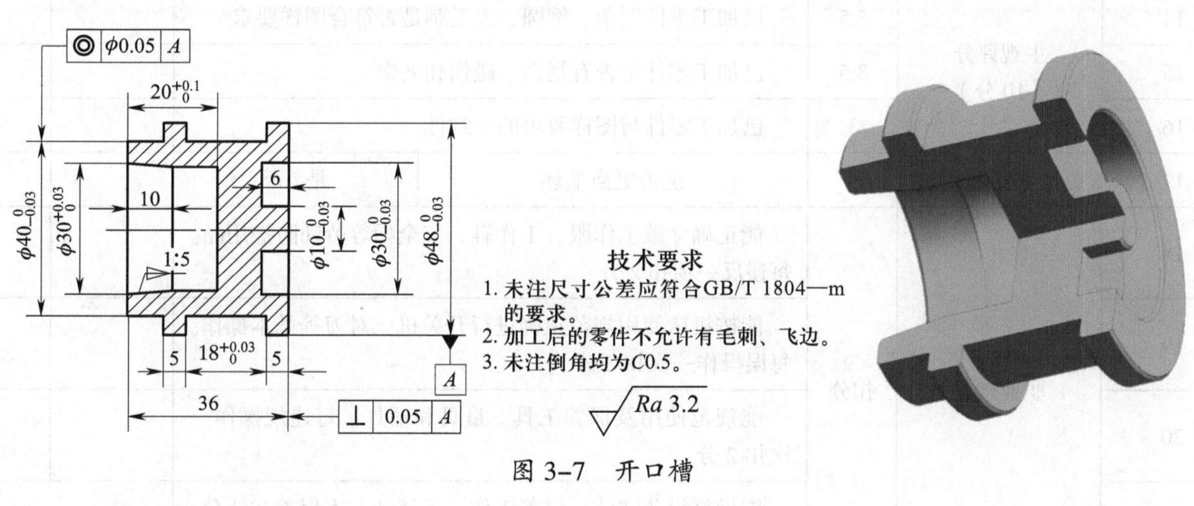

图 3–7　开口槽

二、评分标准

按表 3–26 所示项目和技术要求检测开口槽零件是否合格。

表 3–26　开口槽零件检测表

工件编号		配分	项目与技术要求	评分标准	检测记录	得分
序号	名称					
1	主要尺寸（59 分）	8	$\phi30^{+0.03}_{0}$ mm	超差不得分		
2		8	$\phi40^{0}_{-0.03}$ mm	超差不得分		
3		8	$\phi30^{0}_{-0.03}$ mm	超差不得分		
4		8	$\phi48^{0}_{-0.03}$ mm	超差不得分		
5		7	$\phi10^{0}_{-0.03}$ mm	超差不得分		
6		8	锥度 1 : 5	超差不得分		
7		6	◎ ϕ0.05 A	超差不得分		
8		6	⊥ 0.05 A	超差不得分		

续表

工件编号		配分	项目与技术要求	评分标准	检测记录	得分
序号	名称					
9	次要尺寸（20分）	5	$18^{+0.03}_{0}$ mm	超差不得分		
10		5	$20^{+0.1}_{0}$ mm	超差不得分		
11		2.5×2	5 mm（2处）	超差不得分		
12		5	6 mm	超差不得分		
13	表面粗糙度（6分）	6	*Ra*3.2 μm	降级不得分		
14	主观评分（10分）	3.5	已加工零件倒角、倒圆、去毛刺是否符合图样要求			
15		3.5	已加工零件是否有划伤、碰伤和夹伤			
16		3	已加工零件与图样要求的一致性			
17	更换毛坯（5分）	5	是否更换毛坯	是 / 否		
18	职业素养	扣分	能正确穿戴工作服、工作鞋、安全帽等劳动防护用品。每违反一项扣2分			
19			能按机床使用规范正确进行开关机、对刀等基本操作。每误操作一次扣2分			
20			能规范使用及保养工具、量具和辅具。每违规操作一次扣2分			
21			能做好设备清洁、保养工作。不清洁、不保养扣3分；保养不彻底扣2分			
总配分			100	总得分		

世赛知识

世界技能大赛数控车测试项目

世界技能大赛数控车测试项目由 3 个独立模块构成，每个模块都包括编程、加工和重置机器三部分，并配备了相对应的评价标准。一个竞赛日进行一个模块，不受其他模块工作的干扰。测试中对竞赛场地和数控机床的要求非常严格且需求巨大，无法保证每个场地的参赛者都能够完全自由操作数控机床。因此，采用轮替制，即参赛者在轮班（早班和午班）内需共享数控机床，这一点也反映了目前行业的真实状况，具体示例如下。

一、数控车项目竞赛流程（图 3–8）

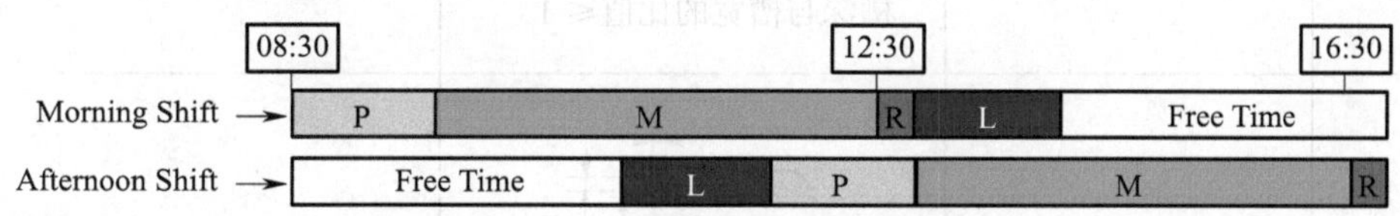

图 3–8　数控车项目竞赛流程

注："P" 表示 CAM Programming（CAM 编程），"M" 表示 Machine is at Competitors Disposal（机器可供参赛选手使用），"R" 表示 Reset Time of Machine（机器复位时间），"L" 表示 Lunch（午餐）。

CAM 编程大约需要 3 个小时不间断的机械加工（包括输入程序、设置加工参数、尺寸保证等），因此需最大限度地利用机械加工时间。

轮班间机器的复位时间非常重要，复位时间内，要清空控制单元，重置加工参数到初始状态，取出刀架，将车床清理干净，为下一班准备好，以便下一组开始测试项目。编程开始时，参赛选手只能使用提供的电脑编写数控程序，这时不可以操作机器；加工时，参赛选手可以同时使用电脑和数控机器。

二、测试项目公差要求

测试模块图样加工要素的公差精度等级要求见表 3–27。

表 3–27　测试模块图样加工要素的公差精度等级要求

加工要素	内容	公差等级
	外圆轮廓	外圆直径公差等级≥ IT6 级
	圆弧轮廓	圆弧轮廓公差等级≥ IT7 级
	内孔直径≥ 20 mm （底孔钻头直径为 20 mm，长度≤ 90 mm）	内孔直径公差等级≥ IT6 级

续表

<table>
<tr><th>加工要素</th><th colspan="2">内容</th><th>公差等级</th></tr>
<tr><td rowspan="2"></td><td>外圆沟槽底径</td><td rowspan="2">槽深与槽宽的比值≤ 4
槽深极限值≤ 20 mm</td><td>底径公差等级≥ IT6 级</td></tr>
<tr><td>沟槽宽度≥ 3 mm</td><td>宽度公差等级≥ IT6 级</td></tr>
<tr><td rowspan="2"></td><td>内圆沟槽直径</td><td rowspan="2">槽深与槽宽的比值≤ 1</td><td rowspan="2">如果直径和宽度可测，公差等级≥ IT7 级</td></tr>
<tr><td>沟槽宽度≥ 3 mm</td></tr>
<tr><td></td><td>端面槽大径、小径和深度</td><td>大径≤ 70 mm
小径≥ 50 mm
槽宽≥ 4 mm
深度≤ 12 mm</td><td>端面槽大径、小径和深度公差等级≥ IT7 级</td></tr>
<tr><td></td><td colspan="2">三角形外螺纹</td><td>公差等级 6h</td></tr>
<tr><td></td><td colspan="2">三角形内螺纹</td><td>公差等级 6H</td></tr>
<tr><td>$\sqrt{Ra}$</td><td colspan="2">每个模块加工零件至少有 4 处表面粗糙度要求</td><td>*Ra*0.4 μm、*Ra*0.6 μm、*Ra*0.8 μm 或 *Ra*0.8 ~ 0.4 μm，其余表面粗糙度 *Ra*1.6 μm</td></tr>
<tr><td></td><td colspan="2">每个模块加工零件至少有 2 处几何公差要求</td><td>精度等级 IT7 ~ IT6 级</td></tr>
</table>

三、测试项目评分

1．评分标准（表 3–28）

表 3–28　　评分标准

序号	标准	分数		
		主观评分	客观评分	合计
1	与图样的符合程度	10	/	10
2	表面粗糙度	/	10	10
3	主要尺寸	/	50	50
4	次要尺寸	/	25	25
5	材料使用	/	5	5
6	合计	100		

2．配分细则（表 3–29）

表 3–29　　配分细则

评分类型	配分 /%	评分内容	数量	说明
测量评分（90%）	75	尺寸精度	25 ~ 45	径向尺寸数量、轴向尺寸数量、螺纹部分数量、几何公差数量（几何公差部分可适当加重配分）
	10	表面粗糙度	≤ 5 处	*Ra*0.4 μm、*Ra*0.8 μm、*Ra*1.6 μm、*Ra*0.8 ~ 0.4 μm
	5	无更换毛坯	1 件	有更换毛坯，奖励分为零，且只能更换 1 次

评分类型	等级	说明	数量	评分内容
主观评分（10%）	0	未达到工业标准	/	（1）倒角和圆弧过渡是否符合图样要求 （2）作品所有部位均不得带有毛刺 （3）作品所有表面是否有划伤、碰伤和夹伤 （4）已加工作品与图样要求的一致性 （5）除需要检测的表面，其余表面质量的完成程度
	1	达到工业标准	/	
	2	达到工业标准并部分超过工业标准	/	
	3	达到工业标准并全面超过工业标准	/	

注：主观评分采用四级评分制。

学习任务四　螺纹端盖的数控车加工

学习目标

1. 能严格按照企业安全操作规程、工艺规程、环境等要求规范地完成零件生产加工，具备踏实钻研的工作态度，营造安全规范和团结协作的工作氛围。

2. 能根据加工任务书，通过小组讨论，共同制订合理的工作计划。

3. 能根据任务书、零件图加工要求，通过查阅数控加工工艺学，分析并制定数控加工工艺，完成加工工序卡的填写。

4. 能合理选择编程指令，完成螺纹端盖加工程序的编制。

5. 能独立操作数控车床，完成螺纹端盖的加工，并解决在此过程中出现的简单报警和加工精度问题。

6. 能合理选择量具，规范、熟练地使用螺纹塞规、内孔塞规等量具在加工过程中适时测量，并调整尺寸加工参数，保证零件精度。

7. 能按照零件精度要求，检验零件是否达到工艺要求并判断加工质量，分析误差原因，提出修改意见。

8. 能按车间现场“6S”管理规定和产品工艺流程的要求，正确放置工具、产品，对机床、工具进行维护保养，并规范填写保养记录表。

9. 能主动获取有效信息，展示工作成果，对学习与工作进行反思总结，并能与他人开展良好合作，进行有效的沟通。

建议学时

48 学时。

工作情境描述

某企业接到一批螺纹端盖（图 4–1）加工订单，数量为 30 件。来料加工，材料为 45 钢，毛坯尺寸为 ϕ75 mm × 35 mm，交货期为 8 天。该零件由圆柱面、圆弧面、内孔、内沟槽和内螺纹组成，生产主管计划用数控车床进行加工。

// 0.04 B
⊥ 0.04 A
Ra 1.6
R4
Ra 1.6
C1
φ68
φ40 0 −0.025
φ30 +0.021 0
M24×1.5—7H
12
3 3
φ18
φ28
φ40 0 −0.025
φ48
Ra 1.6
A
11
Ra 1.6
技术要求
1. 未注尺寸公差为IT12级。
2. 倒钝锐边。
5 +0.012 0
16 +0.018 0
28±0.02
B
Ra 3.2 (√)
45
标记 处数 分区 更改文件号 签名 年、月、日
设计 标准化
阶段标记 质量 比例
螺纹端盖
审核
1∶1
工艺 批准
共 张 第 张

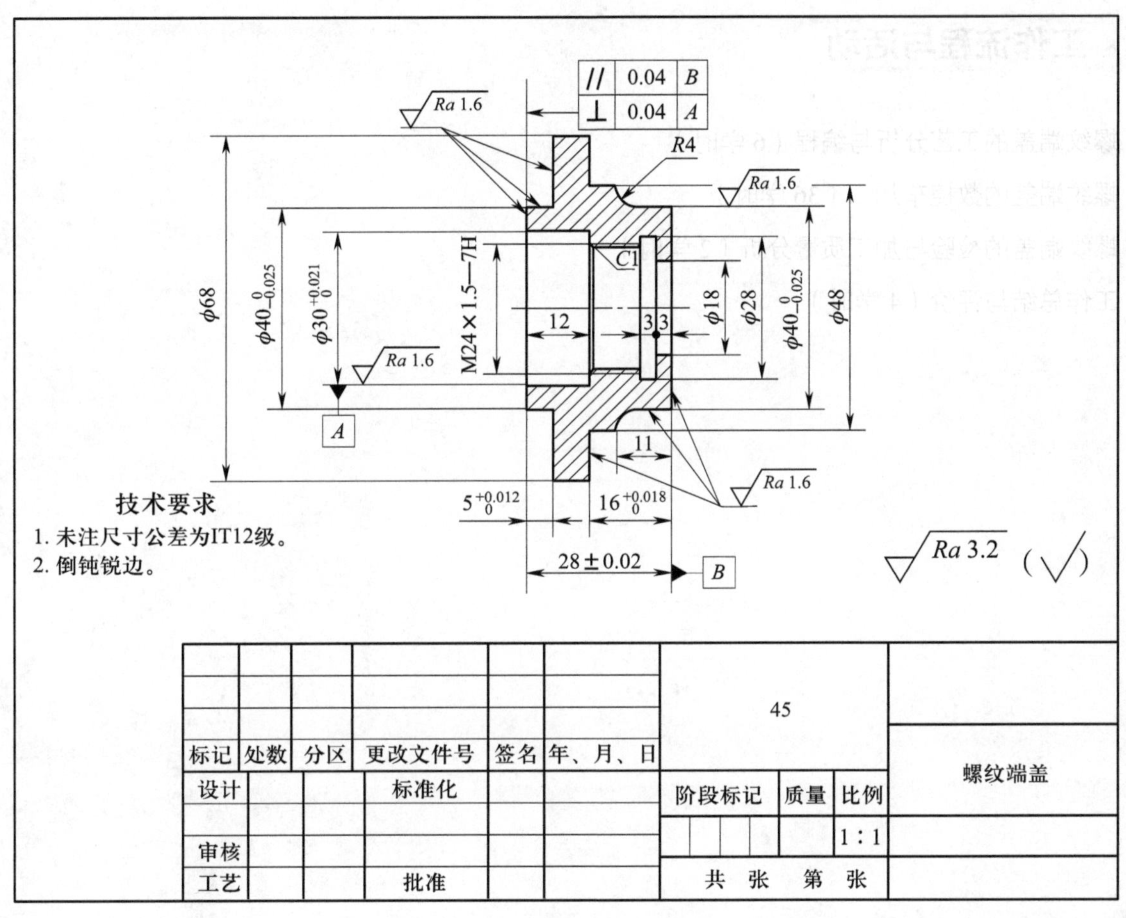

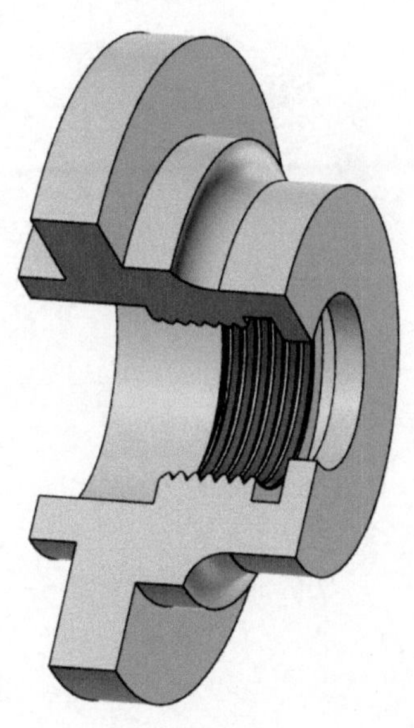

图 4–1　螺纹端盖

工作流程与活动

1. 螺纹端盖的工艺分析与编程（6 学时）
2. 螺纹端盖的数控车加工（36 学时）
3. 螺纹端盖的检验与加工质量分析（2 学时）
4. 工作总结与评价（4 学时）

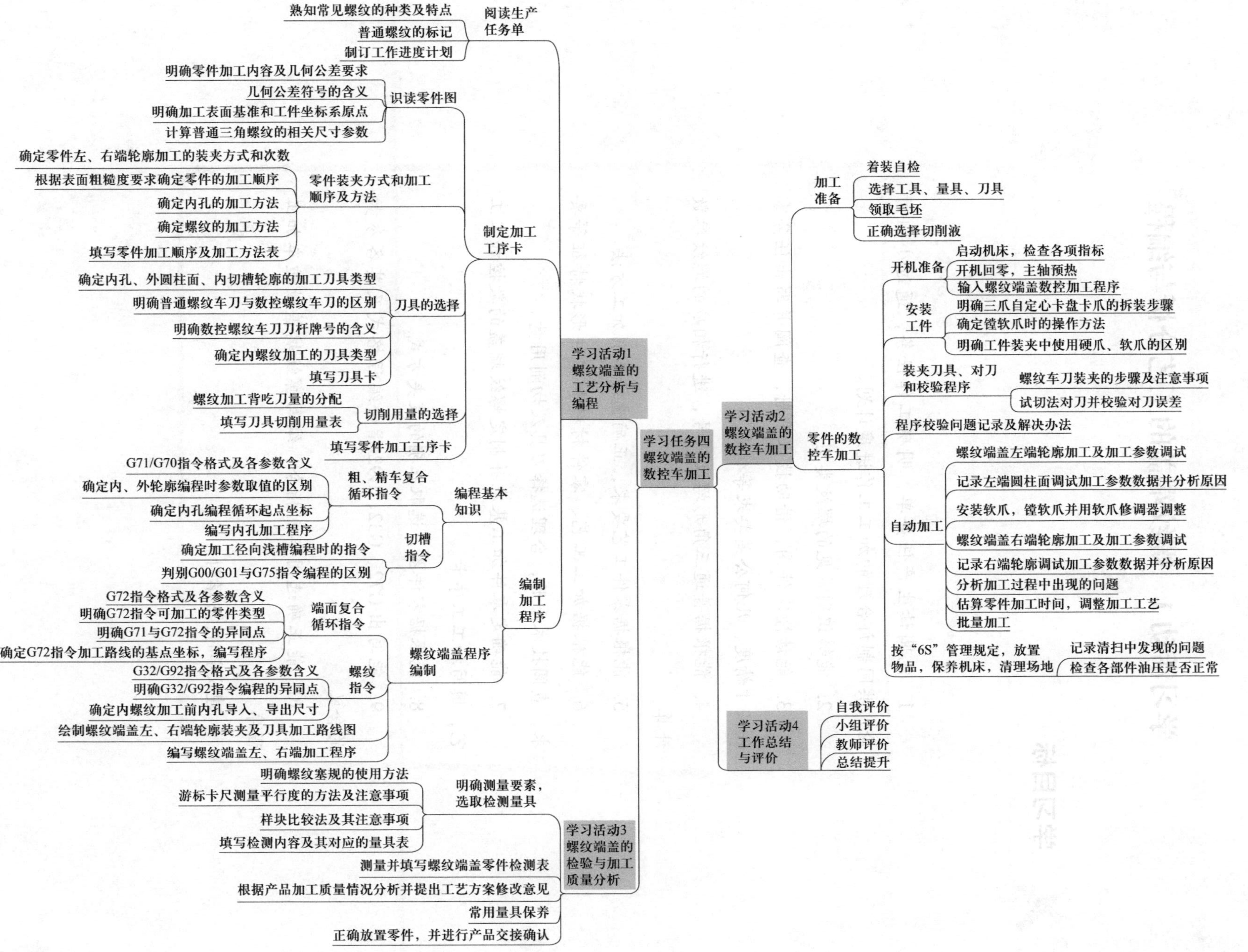
学习任务四 螺纹端盖的数控车加工
学习活动1 螺纹端盖的工艺分析与编程
阅读生产任务单
熟知常见螺纹的种类及特点
普通螺纹的标记
制订工作进度计划
制定加工工序卡
识读零件图
明确零件加工内容及几何公差要求
几何公差符号的含义
明确加工表面基准和工件坐标系原点
计算普通三角螺纹的相关尺寸参数
零件装夹方式和加工顺序及方法
确定零件左、右端轮廓加工的装夹方式和次数
根据表面粗糙度要求确定零件的加工顺序
确定内孔的加工方法
确定螺纹的加工方法
填写零件加工顺序及加工方法表
刀具的选择
确定内孔、外圆柱面、内切槽轮廓的加工刀具类型
明确普通螺纹车刀与数控螺纹车刀的区别
明确数控螺纹车刀刀杆牌号的含义
确定内螺纹加工的刀具类型
填写刀具卡
切削用量的选择
螺纹加工背吃刀量的分配
填写刀具切削用量表
填写零件加工工序卡
编制加工程序
编程基本知识
粗、精车复合循环指令
G71/G70指令格式及各参数含义
确定内、外轮廓编程时参数取值的区别
确定内孔编程循环起点坐标
编写内孔加工程序
切槽指令
确定加工径向浅槽编程时的指令
判别G00/G01与G75指令编程的区别
螺纹端盖程序编制
端面复合循环指令
G72指令格式及各参数含义
明确G72指令可加工的零件类型
明确G71与G72指令的异同点
确定G72指令加工路线的基点坐标，编写程序
螺纹指令
G32/G92指令格式及各参数含义
明确G32/G92指令编程的异同点
确定内螺纹加工前内孔导入、导出尺寸
绘制螺纹端盖左、右端轮廓装夹及刀具加工路线图
编写螺纹端盖左、右端加工程序
学习活动2 螺纹端盖的数控车加工
加工准备
着装自检
选择工具、量具、刀具
领取毛坯
正确选择切削液
零件的数控车加工
开机准备
启动机床，检查各项指标
开机回零，主轴预热
输入螺纹端盖数控加工程序
安装工件
明确三爪自定心卡盘卡爪的拆装步骤
确定镗软爪时的操作方法
明确工件装夹中使用硬爪、软爪的区别
装夹刀具、对刀和校验程序
螺纹车刀装夹的步骤及注意事项
试切法对刀并校验对刀误差
程序校验问题记录及解决办法
自动加工
螺纹端盖左端轮廓加工及加工参数调试
记录左端圆柱面调试加工参数数据并分析原因
安装软爪，镗软爪并用软爪修调器调整
螺纹端盖右端轮廓加工及加工参数调试
记录右端轮廓调试加工参数数据并分析原因
分析加工过程中出现的问题
估算零件加工时间，调整加工工艺
批量加工
按“6S”管理规定，放置物品，保养机床，清理场地
记录清扫中发现的问题
检查各部件油压是否正常
学习活动3 螺纹端盖的检验与加工质量分析
明确测量要素，选取检测量具
明确螺纹塞规的使用方法
游标卡尺测量平行度的方法及注意事项
样块比较法及其注意事项
填写检测内容及其对应的量具表
测量并填写螺纹端盖零件检测表
根据产品加工质量情况分析并提出工艺方案修改意见
常用量具保养
正确放置零件，并进行产品交接确认
学习活动4 工作总结与评价
自我评价
小组评价
教师评价
总结提升

学习活动 1　螺纹端盖的工艺分析与编程

学习目标

1. 能阅读生产任务单，明确工作任务，通过小组讨论，共同制订合理的加工工作进度计划。

2. 能够识别常见的螺纹类型。

3. 能读懂零件图，借助技术手册，查阅并写出任务零件尺寸精度、几何公差要求等信息。

4. 能根据普通三角形螺纹代号，进行相应的螺纹参数计算。

5. 能根据零件工艺要求，正确选择车削加工方法。

6. 能根据加工工艺、零件材料和零件形状特征等要求，查阅技术手册，合理选择刀具及切削用量。

7. 能确定零件加工基准并制定螺纹端盖的数控加工工艺，填写加工工序卡。

8. 能根据零件图，选取正确的装夹方式。

9. 能写出 G72、G32、G92 指令编程格式及其各参数的含义。

10. 能正确选用车削指令，编写螺纹端盖数控车加工程序。

建议学时：6 学时。

学习过程

一、阅读生产任务单（表 4–1）

表 4–1　　螺纹端盖生产任务单

<table>
<tr><td colspan="2">单位名称</td><td colspan="2"></td><td>完成时间</td><td colspan="2">年　月　日</td></tr>
<tr><td>序号</td><td>产品名称</td><td>材料</td><td>生产数量</td><td colspan="3">技术标准、质量要求</td></tr>
<tr><td>1</td><td>螺纹端盖</td><td>45 钢</td><td>30</td><td colspan="3">按图样要求</td></tr>
<tr><td>2</td><td></td><td></td><td></td><td colspan="3"></td></tr>
<tr><td>3</td><td></td><td></td><td></td><td colspan="3"></td></tr>
<tr><td colspan="2">检测批准时间</td><td>年　月　日</td><td>批准人</td><td colspan="3"></td></tr>
<tr><td colspan="2">通知任务时间</td><td>年　月　日</td><td>发单人</td><td colspan="3"></td></tr>
<tr><td colspan="2">接单时间</td><td>年　月　日</td><td>接单人</td><td></td><td>生产班组</td><td>检测组</td></tr>
</table>

注：生产任务单与零件图等一起领取。

阅读表 4–1 螺纹端盖生产任务单和图 4–1 螺纹端盖零件图，借助技术手册，回答下列问题。

1．常见的螺纹种类有哪些？分别有什么特点？

螺纹按其母体形状分为圆柱螺纹和圆锥螺纹；按其在母体上所处位置分为外螺纹、内螺纹；按其截面形状（牙型）分为三角形螺纹、矩形螺纹、梯形螺纹、锯齿形螺纹及其他特殊形状螺纹等；按其螺旋线方向分为左旋螺纹和右旋螺纹；按螺旋线的数量分为单线螺纹、双线螺纹及多线螺纹；按其使用场合和功能分为紧固螺纹、管螺纹、传动螺纹、专用螺纹等。

三角形螺纹主要用于连接，自锁性能好，分为粗牙螺纹和细牙螺纹两种，一般连接多用粗牙螺纹。矩形螺纹、梯形螺纹和锯齿形螺纹主要用于传动，其中矩形螺纹传动效率高，但其内、外螺纹旋合定心较难，因此常为梯形螺纹所代替。锯齿形螺纹牙的工作边接近矩形直边，多用于承受单向轴向力。管螺纹常用于管件的紧密连接。

2．简述普通螺纹的标记方法。

普通螺纹的标记由螺纹特征代号、尺寸代号、公差带代号（中径公差带代号和顶径公差带代号）、旋合长度代号和旋向代号五部分组成，例如 M20×1.5—5g6g—S—LH。

3．下列螺纹标记分别属于哪种类型的螺纹？

M20：三角形粗牙螺纹。

M20×1.5：三角形细牙单线螺纹。

M20×3（P1.5）：三角形细牙双线螺纹。

M20×3—LH：三角形细牙左旋螺纹。

4．本生产任务工期为 7 天，请根据任务要求，制订合理的工作进度计划，并根据小组成员的特点进行分工，完成表 4–2 的填写。

表 4–2　　工作进度计划表

序号	工作内容	时间	成员	负责人
1	工艺分析			
2	编制程序			
3	程序检验与试切削调试			
4	车削加工			
5	成品检验与质量分析			

二、根据零件图，制定数控加工工序卡

1．识读螺纹端盖零件图

（1）分析零件图，在表 4–3 中写出螺纹端盖的主要加工尺寸、几何公差要求和表面质量要求，为零件的编程做准备。

表 4–3　　螺纹端盖零件图分析

序号	项目	内容	偏差范围（数值）
1	主要加工尺寸	ϕ40 mm	$^{0}_{-0.025}$ mm
2		ϕ68 mm	$^{0}_{-0.3}$ mm
3		ϕ48 mm	$^{0}_{-0.25}$ mm
4		ϕ30 mm	$^{+0.021}_{0}$ mm
5		ϕ18 mm	$^{+0.18}_{0}$ mm
6		5 mm	$^{+0.012}_{0}$ mm
7		16 mm	$^{+0.018}_{0}$ mm
8		28 mm	$^{+0.02}_{-0.02}$ mm
9		M24×1.5—7H	/
10		ϕ28 mm	$^{+0.21}_{0}$ mm
11		11 mm	$^{+0.09}_{-0.09}$ mm
12		12 mm	$^{+0.18}_{0}$ mm
13	几何公差要求	// 0.04 B	0.04 mm
14		⊥ 0.04 A	0.04 mm
15	表面质量要求	*Ra*1.6 μm（8 处）	/
16		*Ra*3.2 μm（5 处）	/

（2）查阅技术手册或咨询班组长等专业技术人员，完成表 4–4 中标注符号含义的填写。

表 4–4 标注符号含义

标注符号	含义
// 0.04 B	零件的左端面应位于距离为公差值 0.04 mm 且平行于零件右端面的两平行平面之间
⊥ 0.04 A	零件的左端面应位于距离为公差值 0.04 mm 且垂直于 $\phi 30^{+0.021}_{0}$ mm 圆柱中心线的两平行平面之间

（3）通过分析零件图，明确加工表面基准，确定零件加工的工件坐标系原点（图示说明），为选择合理的对刀方法做准备。

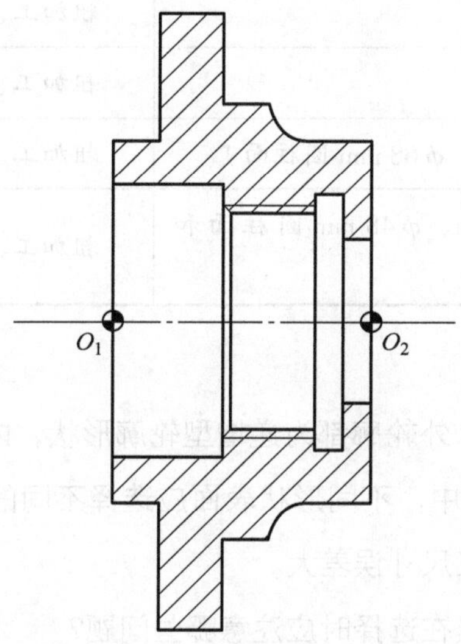

（4）查阅资料，简述 M24×1.5—7H 螺纹的相关尺寸参数（含螺纹大径、中径、小径、牙高等尺寸计算）。

M24×1.5—7H 螺纹的相关尺寸参数：

螺纹大径 $D_1=D=24$ mm；

螺纹小径 $D_3=D-P=24$ mm-1.5 mm$=22.5$ mm；

螺纹中径 $D_2=D-0.649\,5P=24$ mm$-0.649\,5\times1.5$ mm ≈ 23.026 mm；

牙高 $H=0.54P=0.54\times1.5$ mm$=0.81$ mm；

螺距 $P=1.5$ mm；

中径、顶径公差带为 7H，其公差为 $^{+0.021}_{0}$ mm。

2．确定螺纹端盖的装夹方式和加工顺序及方法

（1）螺纹端盖是左、右端内、外轮廓综合加工，故采用 两 次装夹。同时，在加工右端面轮廓过程中，为防止零件变形，应采用 轴和端面定位、软爪夹紧 的装夹方式，达到几何公差的要求。

（2）螺纹端盖零件表面粗糙度要求较高（分别为 $Ra3.2$ μm 和 $Ra1.6$ μm），故采用 基面先行、先粗后精 原则来确定零件的加工顺序。

（3）$\phi 30$ mm 内孔的表面粗糙度要求为 $Ra1.6$ μm，按孔加工要求，加工工序原则遵循 钻—扩—镗 方式。

（4）根据加工的方向不同，螺纹可分为＿左旋＿螺纹和＿右旋＿螺纹两种。根据不同的用途螺纹可分的种类更多，同样的螺纹又有不同的加工方式。一般螺纹加工方法可分为＿直进法（径向进刀方式）＿、＿斜进法（侧向进刀方式）＿、＿左右进刀法（左右交替进刀方式）＿三种，＿直进法（径向进刀方式）＿在加工梯形螺纹时极易产生“扎刀”现象。

（5）根据以上学习资料，确定螺纹端盖的加工顺序及加工方法，完成表 4-5 的填写。

表 4-5 零件加工顺序及加工方法

顺序号	加工顺序	加工方法
1	内孔轮廓	钻—扩—镗（粗加工、精加工）
2	内沟槽（3 mm × ϕ28 mm）	粗加工、精加工
3	内螺纹（M24 × 1.5-7H）	粗加工、精加工
4	左端外轮廓（$\phi40^{0}_{-0.025}$ mm、ϕ68 mm 圆柱面）	粗加工、精加工
5	右端外轮廓（$\phi40^{0}_{-0.025}$ mm、ϕ48 mm 圆柱面和 R4 mm 圆弧面）	粗加工、精加工

3．刀具的选择

本任务零件分为左、右两端加工，外轮廓都为递增型轮廓形状，内轮廓都为递减型轮廓形状（除内切槽与内螺纹外）。因此，在刀具选择过程中，不同形状表面应选择不同的刀具加工，刀具角度偏大或偏小都会对加工产生严重的影响，导致零件加工尺寸误差大。

（1）本任务中，每种加工类型刀具在选择时应注意哪些问题?

外圆车刀的选择：注意刀杆尺寸、刀具角度、刀具切削刃长度、刀尖圆弧参数。

内孔车刀的选择：注意刀杆直径和刀杆长度尺寸、刀具角度、刀片形状参数。

内沟槽车刀的选择：注意刀杆直径和刀杆长度尺寸、刀具角度、刀片宽度、刀具切削刃长度参数。

内螺纹车刀的选择：注意刀杆直径和刀杆长度尺寸、刀具角度、螺距尺寸参数。

（2）普通螺纹车刀和数控螺纹车刀有什么区别?

普通螺纹车刀是焊接式车刀，需要手工磨削，对工人磨削技术的要求较高，车刀刃磨的质量直接影响加工效果。车刀磨损后必须从机床刀架上全部拆卸后重新磨削，再加工时必须重新对刀，既浪费时间又容易造成工件不合格，但焊接车刀成本低廉，常用于小批量生产或维修生产中。

数控螺纹车刀是机械夹固式车刀，一般无须手工磨削，可以根据被加工工件的形状、材料性质要求进行选择，其自身的刀具材料耐磨性高、强度高，因此切削速度得到了较大的提高。刀片磨损后只要松开夹紧装置，调换角度或更换刀片即可，对加工精度影响极小，使用方便，生产效率高，适用于大批量生产。

（3）数控螺纹车刀按刀片大小分类，内螺纹刀片可分为 11、16 和 22 三个系列，外螺纹刀片有 16 和 22 两个系列，其加工覆盖了螺距为 1.0 ~ 6.0 的常用螺纹。查阅资料，说明 11、16 和 22 三个系列分别可加工哪种螺纹？

11 系列刀片适用于加工孔径小、螺距小的内螺纹，如螺距为 1.0 ～ 2.0 的常用螺纹；16 系列适用于加工中等直径或孔径的内、外螺纹，如螺距为 1.0 ～ 3.0 的常用螺纹；22 系列适用于加工大直径或孔径的内、外螺纹，如螺距为 3.5 ～ 6.0 的常用螺纹。

（4）根据螺纹的加工方式、刀片大小、机床中心高就能正确选择刀杆。左刀片必须配左刀杆，右刀片必须配右刀杆，图 4-2 所示为螺纹加工示意图。

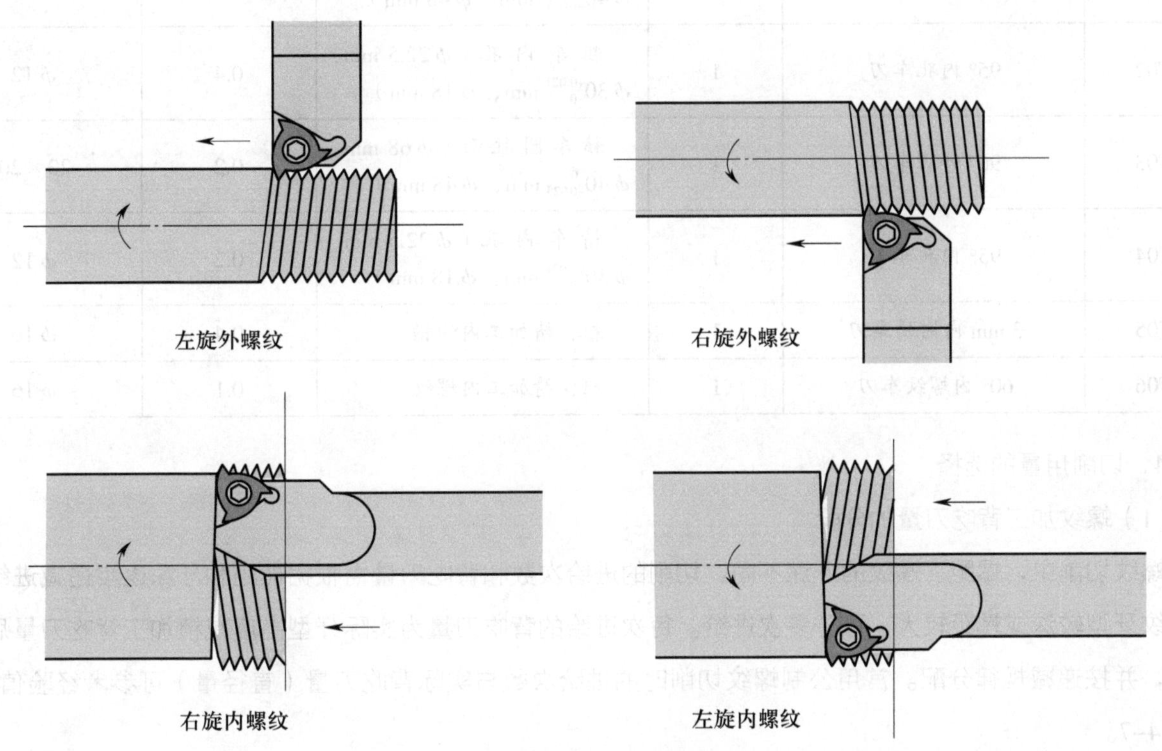

图 4-2　螺纹加工示意图

①查阅资料，解释 SNR/L0016M16 内螺纹刀杆牌号含义，使用的刀片类型是哪种？可加工最小孔径是多少？

SNR/L0016M16："S" 表示整体钢制，螺钉压紧式结构；"N" 表示内螺纹；"R" 表示切削方向（右切，正刀）；"L" 表示切削方向（左切，反刀）；"00" 表示刀体高度，内螺纹车刀无刀体高度；"16" 表示刀杆直径；"M" 表示刀杆长度为 150 mm；"16" 表示刀片尺寸。适用刀片类型为 16IR AG60（0 ～ 3 mm 以内螺距通用）。可加工最小孔径为 16 mm。

②查阅资料，写出加工本任务中内螺纹所使用的刀杆牌号。

内螺纹车刀的刀杆牌号为 SNR0016M16。

（5）根据本任务零件的加工内容，进行刀具的选择并完成表 4–6 刀具卡的填写。

表 4–6　刀具卡

产品名称或代号		零件名称		零件图号	
刀具号	刀具名称	数量	加工内容	刀尖圆弧半径 /mm	刀具规格 /（mm × mm）
T01	90° 外圆车刀	1	粗车圆柱面（ϕ68 mm、$\phi 40^{0}_{-0.025}$ mm、ϕ48 mm）	0.4	20 × 20
T02	95° 内孔车刀	1	粗车内孔（ϕ22.5 mm、$\phi 30^{+0.021}_{0}$ mm、ϕ18 mm）	0.4	ϕ12
T03	90° 外圆车刀	1	精车圆柱面（ϕ68 mm、$\phi 40^{0}_{-0.025}$ mm、ϕ48 mm）	0.2	20 × 20
T04	95° 内孔车刀	1	精车内孔（ϕ22.5 mm、$\phi 30^{+0.021}_{0}$ mm、ϕ18 mm）	0.2	ϕ12
T05	3 mm 内沟槽车刀	1	粗、精加工内沟槽	0.4	ϕ16
T06	60° 内螺纹车刀	1	粗、精加工内螺纹	0.1	ϕ16

4．切削用量的选择

（1）螺纹加工背吃刀量的分配

螺纹切削中，螺距、螺纹的牙深不同，切削的进给次数和背吃刀量需根据螺距和牙深逐步递减进给。如果螺纹牙型较深或螺距较大，可分多次进给。每次进给的背吃刀量为实际牙型高度减精加工背吃刀量后所得的差，并按递减规律分配。常用公制螺纹切削时的进给次数与实际背吃刀量（直径量）可参考经验值选取，见表 4–7。

表 4–7　常用公制螺纹切削的进给次数与实际背吃刀量

螺距 /mm		1.0	1.5	2.0	2.5
总切深量 /mm		1.3	1.95	2.6	3.25
每次进给背吃刀量 /mm	1 次	0.8	1.0	1.2	1.3
	2 次	0.4	0.6	0.7	0.9
	3 次	0.1	0.25	0.4	0.5
	4 次	/	0.1	0.2	0.3
	5 次	/	/	0.1	0.15
	6 次	/	/	/	0.1

（2）查阅刀具切削用量手册，结合刀具和加工方法等信息，选择合适的切削用量，完成表 4–8 的填写。

表 4–8　　刀具切削用量表

刀具号	刀具名称	加工内容	主轴转速 /（r/min）	进给速度 /（mm/min）	背吃刀量 / mm
T01	90° 外圆车刀	粗车圆柱面（$\phi 68$ mm、$\phi 40^{\ 0}_{-0.025}$ mm、$\phi 48$ mm）	800	100	1
T02	95° 内孔车刀	粗车内孔（$\phi 22.5$ mm、$\phi 30^{+0.021}_{\ 0}$ mm、$\phi 18$ mm）	800	100	1
T03	90° 外圆车刀	精车圆柱面（$\phi 68$ mm、$\phi 40^{\ 0}_{-0.025}$ mm、$\phi 48$ mm）	1 000	50	0.15
T04	95° 内孔车刀	精车内孔（$\phi 22.5$ mm、$\phi 30^{+0.021}_{\ 0}$ mm、$\phi 18$ mm）	1 000	50	0.15
T05	3 mm 内沟槽车刀	加工内沟槽	400	50	2
T06	60° 内螺纹车刀	粗、精加工内螺纹	1 000	系统自定	螺距为 1.5 mm 的进刀量

5．螺纹端盖数控加工工序卡的制定

小组讨论（或独立）制定本任务零件数控加工工序卡，并完成表 4–9 数控加工工序卡的填写。

表 4–9　　数控加工工序卡

单位名称		产品名称或代号		零件名称		零件图号	
工序号	程序编号	夹具名称		使用设备		车间	
工步号	工步内容	刀具号	刀具规格 /（mm × mm）	主轴转速 /（r/min）	进给速度 /（mm/min）	背吃刀量 / mm	备注
1	三爪自定心卡盘硬爪装夹毛坯 $\phi 75$ mm 圆柱面，车端面						
2	粗车内孔轮廓	T02	$\phi 12$	800	100	1	
3	精车内孔轮廓	T04	$\phi 12$	1 000	50	0.15	
4	加工内沟槽	T05	$\phi 16$	400	50	2	
5	粗、精加工内螺纹	T06	$\phi 16$	1 000	系统自定	螺距为 1.5 mm 的进刀量	
6	粗加工左端外轮廓	T01	20 × 20	800	100	1	
7	精加工左端外轮廓	T03	20 × 20	1 000	50	0.15	
8	拆去三爪自定心卡盘硬爪，安装软爪						
9	在软爪上镗 $\phi 68$ mm × 6 mm 孔	T03	20 × 20	600	50	1	
10	修调软爪，装夹 $\phi 68$ mm 圆柱面并保证总长						
11	粗车右端轮廓	T01	20 × 20	800	100	1	
12	精车右端轮廓	T03	20 × 20	1 000	50	0.15	
13	卸下工件						
编制		审核		批准		共　页	第　页

三、编制螺纹端盖加工程序

1．编程基本知识

（1）如图 4–3 所示，毛坯尺寸 $\phi 46$ mm×40 mm 已符合要求，且已加工 $\phi 16$ mm 通孔，根据要求回答下列问题。

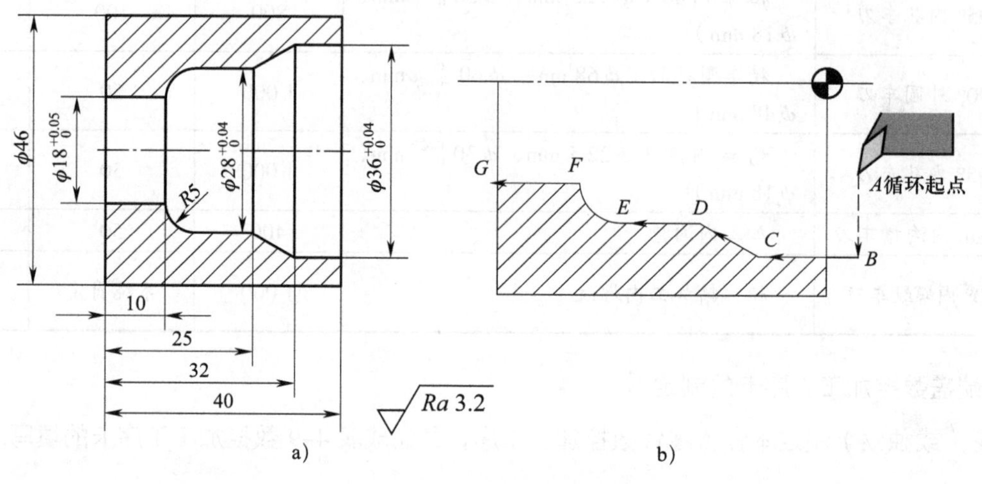

图 4–3　内轮廓零件加工图

a）零件图　b）刀具加工路线

①根据加工图形和刀具路线设计要求，该轮廓可采用什么指令编程？与外轮廓编程时加工参数的取值有什么区别？

可采用 G71 指令编程。U（Δu）内孔加工时精加工余量与进给方向一致，取负值。

②图 4–3b 所示刀具加工路线中 *A* 点坐标一般取什么数值？为什么？

A（14，2）。编程内轮廓时的固定循环点径向定位一般选在自动加工前扩孔孔径内 1 ~ 2 mm、轴向定位在工件外 1 ~ 2 mm 处，以避免切削中刀具与工件轮廓产生碰撞和干涉，且便于排屑。

③根据图 4–3b 所示精加工路线的编程基点，利用 G71 指令编写内孔加工程序，并填入表 4–10 中。

表 4–10　　内孔加工程序

O0001;	程序名
加工程序	程序说明
……	程序初始化
G00 X14.0 Z2.0 M08;	快速定位到循环起点 *A*，打开切削液
/G71 U1.0 R0.3;	*X* 向每次进刀 2 mm（直径），退刀量 0.3 mm；*X* 向留 −0.3 mm 的余量，*Z* 向不留余量
/G71 P1.0 Q2.0 U−0.3 W0.0 F80;	
N1 G00 X36.0;	精车程序
G01 Z−8.0 F60;	
X28.0 Z−15.0;	
Z−25.0;	
G03 X18.0 Z−30.0 R5.0;	
N2 G01 Z−42.0;	
……	退刀、程序结束

（2）加工径向浅槽，当槽宽等于刀宽时，用 G00、G01 指令还是用 G75 指令好？为什么？

使用 G00、G01 指令比 G75 指令好，因为 G00、G01 指令加工路线短，粗、精加工程序简单，加工效率高。

2．螺纹端盖编程指令

（1）写出 G72 指令的格式并简述各参数的含义。

G72 指令格式：

G72 W（Δd）R（e）;

G72 P（us）Q（n）U（Δu）W（Δw）F__ S__ T__ ;

Δd——粗加工每次背吃刀量（正值，*Z* 向）。

e——粗加工每次车削循环的 *Z* 向退刀量。

ns——精加工程序的第一个程序段的段号。

nf——精加工程序的最后一个程序段的段号。

Δu——*X* 向精加工余量（直径量）。

Δw——*Z* 向精加工余量。

F、S、T——粗车时刀具进给速度、主轴转速、刀具功能。

（2）简述 G72 指令可加工的零件类型有哪些。

G72 指令主要用于端面精度要求比较高、径向切削尺寸大于轴向切削尺寸的非成形毛坯（棒料）的成形粗加工。

（3）根据图 4-4b 所示 G72 指令精加工路线和图 4-3b 所示 G71 指令精加工路线，简述 G71 与 G72 指令的异同点。

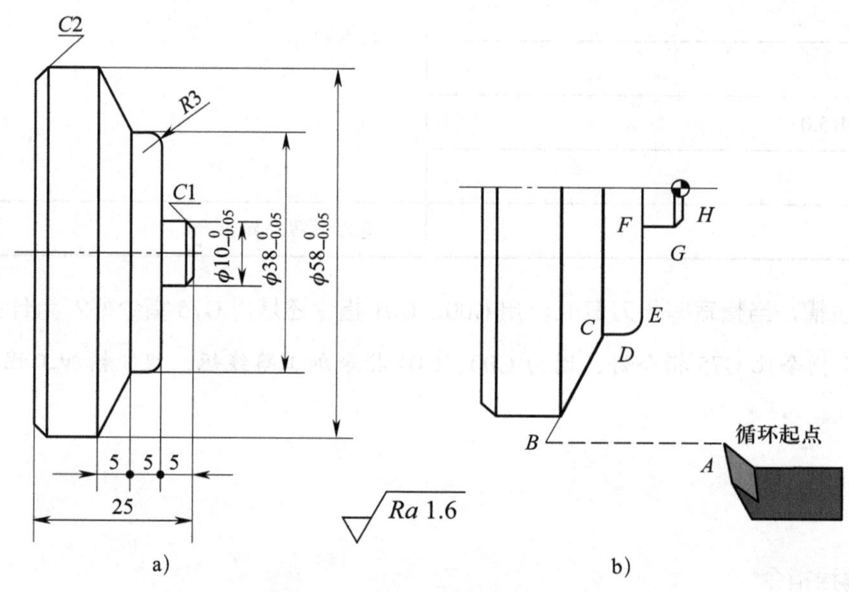

a）　　　　　　　　　　b）

图 4-4　外轮廓零件加工图

a）零件图　b）刀具加工路线

G71、G72 指令都可以用于递增型或递减型轮廓的粗车成形加工。两者的不同之处在于，G71 多用于轴套类零件加工，其轴向切削尺寸大于径向切削尺寸，切削方式为径向下刀、轴向切削；G72 多用于盘套类零件加工，其径向切削尺寸大于轴向切削尺寸，切削方式为轴向下刀、径向切削。

（4）根据图 4–4b 所示精加工路线的编程基点，利用 G72 指令编写外轮廓加工程序，并填入表 4–11 中。

表 4–11　　外轮廓加工程序

O0002；	程序名
加工程序	程序说明
……	程序初始化
G00 X64.0 Z2.0 M08；	快速定位到循环起点 *A*，打开切削液
/G72 W2.0 R0.3；	*Z* 向每次进刀 2 mm，退刀量 0.3 mm；*X* 向留 0.3 mm 余量，*Z* 向留 0.1 mm 余量
/G72 P1.0 Q2.0 U0.3 W0.1 F80；	
N1 G00 Z–16.0；	精车程序
G01 X38.0 Z–10.0 F60；	
Z–8.0；	
G02 X32.0 Z–5.0 R3.0；	
G01 X10.0；	
Z–1.0；	
N2 X4.0 Z2.0；	
……	退刀、程序结束

（5）简述 G32 和 G92 的指令格式及各参数含义。

G32 螺纹插补指令格式：

G32 X（U）__ Z（W）__ F__ ；

X（U）、Z（W）——螺纹终点坐标。X（U）省略时为圆柱螺纹切削；Z（W）省略时为端面螺纹切削；X（U）、Z（W）均不省略时为圆锥螺纹切削。

F——螺纹导程，单位为 mm。

G92 螺纹车削循环指令格式：

G92 X（U）__ Z（W）__ R__ F__ ；

X、Z——螺纹终点的绝对坐标值。

U、W——螺纹终点相对于螺纹起点的增量坐标值。

R——锥螺纹起点与终点的半径差，加工圆柱螺纹时 R 为零，可省略。

F——螺纹导程。

（6）简述 G32 指令和 G92 指令的异同点。哪个指令编程更为简便？

G32 和 G92 指令都为三角形圆柱、圆锥螺纹加工指令。G32 指令只执行刀具切削加工螺纹；而 G92 指令为螺纹下刀、切削、退刀、返回下刀点四步加工循环，编程更为简便。

（7）在加工任务中 M24×1.5—7H 的螺纹前，内孔尺寸要车削至小径＿22.5 mm＿，螺纹头倒角尺寸为

1.5 mm ，编程时导入距离为 3 mm ，导出距离为 1 mm 。

3．加工路线的确定

根据以上学习，设计螺纹端盖左、右端轮廓装夹及加工路线，绘制装夹位置和加工路线图，并标出刀具进给方向及进、退刀点（不同轮廓可采用不同颜色标记）。

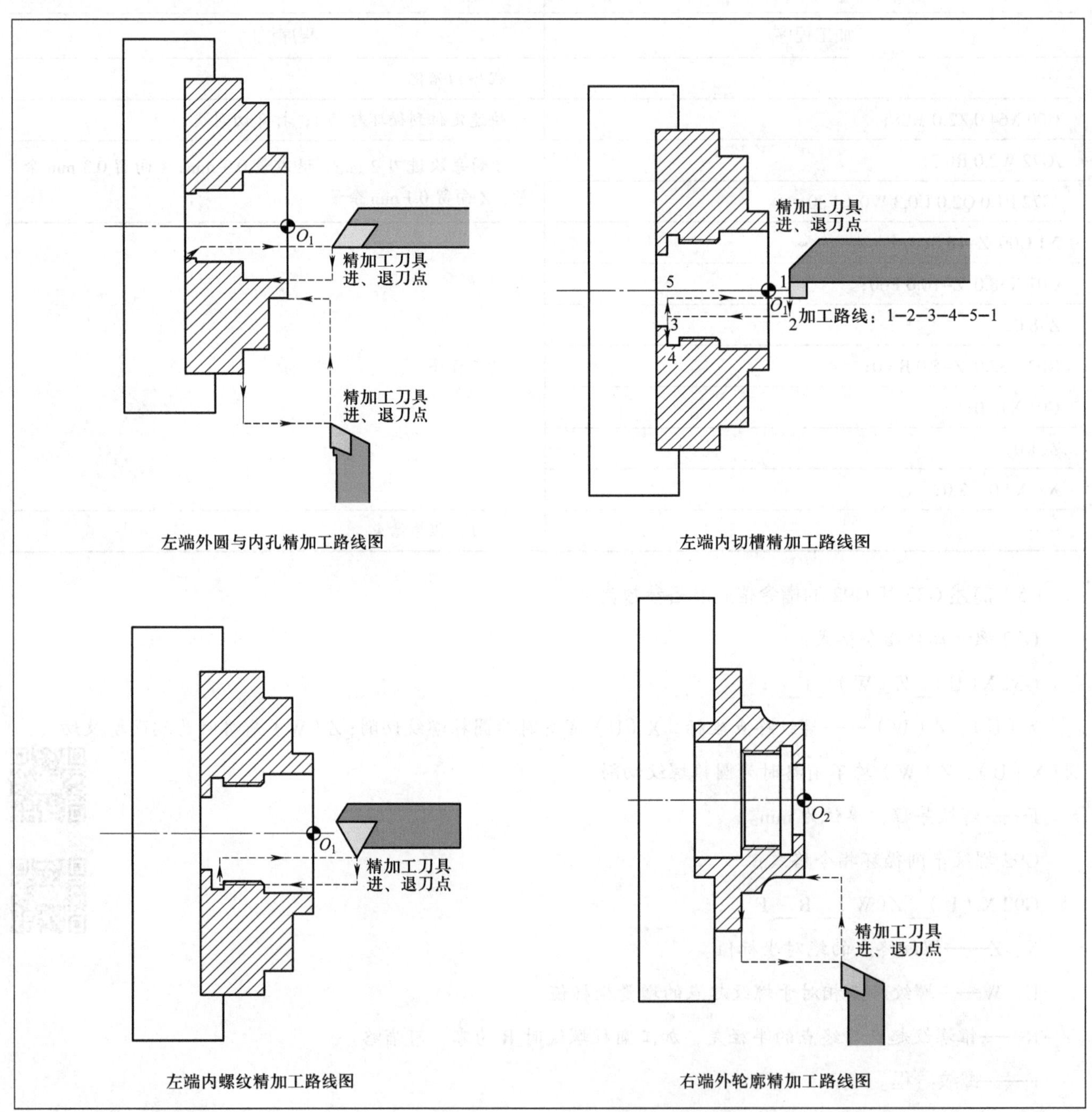

左端外圆与内孔精加工路线图　　左端内切槽精加工路线图

左端内螺纹精加工路线图　　右端外轮廓精加工路线图

4．编制程序

（1）螺纹端盖左端轮廓加工程序（表 4–12）

表 4-12　　螺纹端盖左端轮廓加工程序

外轮廓加工程序	内孔加工程序

（2）螺纹端盖左端内切槽和内螺纹加工程序（表 4-13）

表 4-13　　螺纹端盖左端内切槽和内螺纹加工程序

内切槽加工程序	内螺纹加工程序

（3）螺纹端盖右端轮廓加工程序（表 4-14）

表 4-14　　螺纹端盖右端轮廓加工程序

外轮廓加工程序	外轮廓加工程序

学习活动 2　螺纹端盖的数控车加工

学习目标

1. 能严格按照企业安全操作规程、工艺规程、环境等要求，规范地完成零件生产加工，具备踏实钻研的工作态度，营造安全规范和团结协作的工作氛围。

2. 能正确拆装三爪自定心卡盘硬爪、软爪。

3. 能根据零件图要求，镗削软爪，并进行软爪修调。

4. 能正确装夹工件，并对其进行找正。

5. 能根据零件图，选择符合加工要求的工具、量具、夹具及辅具。

6. 能正确选择本任务要用的切削液。

7. 能正确、规范地装夹螺纹车刀。

8. 能正确对刀，建立工件坐标系。

9. 能正确进行程序的编辑、输入、调试与优化。

10. 能规范使用内孔塞规、螺纹塞规等量具在加工过程中适时测量，及时调整加工参数，保证零件精度。

11. 能解决加工过程中出现的常见报警和机床故障问题。

12. 能按车间现场“6S”管理规定和产品工艺流程的要求，正确放置工具、量具、刀具，整理现场，保养机床，并规范填写保养记录表。

建议学时：36 学时。

学习过程

一、加工准备

1．着装自检

根据生产车间着装管理规定，进行着装自检，对不合格的情况按要求进行记录。

2．选择工具、量具、刀具

填写表 4–15 工具、量具、刀具清单，并领取工具、量具、刀具。

表 4–15　　　　　　　　　　工具、量具、刀具清单

序号	名称	规格	数量	备注
1	90° 外圆车刀	MWLNR2020K08	2	
2	95° 内孔车刀	S12M–SCLCR06	2	
3	3 mm 内沟槽刀	SNGR16Q08	1	
4	60° 内螺纹车刀	SNR0016M16	1	
5	游标卡尺	0 ~ 125 mm	1	
6	外径千分尺	25 ~ 50 mm、50 ~ 75 mm	各 1	
7	内孔塞规、螺纹塞规	ϕ30 mm、ϕ18 mm、M24 × 1.5—7H	各 1	
8	百分表及磁性表座	40 mm（0.01 mm）	1	

3．领取毛坯

领取毛坯，测量并记录所领毛坯的实际外形尺寸，并做好记录，判断毛坯是否有足够的加工余量及其外形是否满足加工条件。

4．根据加工对象及所用刀具，正确选择切削液，并简述切削液的作用。

防锈、润滑、排屑、冷却。

二、零件的数控车加工

1．开机准备

（1）启动机床。

（2）机床各轴回参考点。

（3）输入数控加工程序。

2．安装工件

本任务需要进行左、右端加工两次装夹。当第一次加工完左端内、外轮廓后，进行二次装夹时，左端 ϕ68 mm 圆柱面为已加工表面，同时要保证几何公差要求，故需要拆除三爪自定心卡盘硬爪，安装软爪装夹 ϕ68 mm 已加工表面，根据图 4-5 所示回答下列问题。

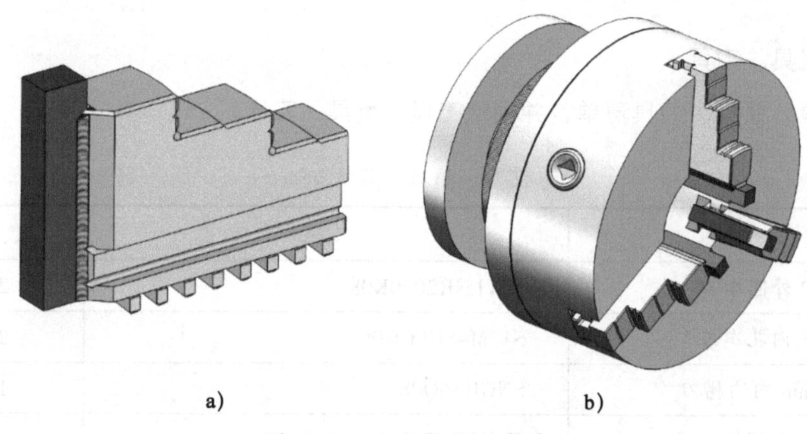

图 4-5　三爪自定心卡盘

a）卡爪　b）三爪自定心卡盘

（1）简述三爪自定心卡盘卡爪的拆装操作步骤。

安装卡爪：识别 1 号卡爪、2 号卡爪和 3 号卡爪，并将其按顺序排好。将卡盘扳手的方榫插入卡盘外壳圆柱面上的方孔中，顺时针方向旋转，带动大锥齿轮背面的平面螺纹转动，当平面螺纹的端扣转到将要接近壳体上的第一个槽时，将 1 号卡爪插入壳体槽内。继续顺时针转动卡盘扳手，用同样的方法，在卡盘壳体上的第二个槽中装入 2 号卡爪。用同样的方法在第三个槽装入 3 号卡爪。

拆卸卡爪：按照与安装卡爪相反的步骤拆卸三爪自定心卡盘的卡爪。

（2）安装软爪后，是否可以直接装夹 ϕ68 mm 已加工表面？如果不可以，应该怎样做？

不能直接装夹，先将软爪镗一 ϕ 68 mm × 6 mm 孔，然后用软爪修调器调整软爪，最后装夹已加工表面。

（3）镗软爪时，需要借助什么工具进行测量调整？具体如何操作？

需要借助软爪修调器调整软爪位置。

先在三爪自定心卡盘上更换软爪，然后使用软爪修调器。软爪修调器中间有三个螺钉，把三个螺钉滑到同心的位置，把软爪修调器的两个螺钉同时套入卡盘的内孔，然后移动卡爪到三个螺孔内，同时卡到软爪之间，让夹头夹持软爪修调器（作用是去除间隙），切削加工至需要的尺寸，松开夹头，移开软爪修调器。

（4）装夹工件时，使用硬爪与软爪的区别是什么？

一般车床都用硬爪，是卡盘原装的卡爪，卡爪都经过淬火，硬度较高，车棒料、车毛坯等夹紧牢靠。软爪一般软一些，可以是软的钢、铜、铝等材料。软爪可以车削加工，可根据工件特殊形状修调后装夹，修调后的软爪装夹零件可以减少划伤，提高三爪自定心卡盘与工件的同轴度。

3．装夹刀具

如图 4–6 所示，简述螺纹车刀装夹的方法及校验方法。

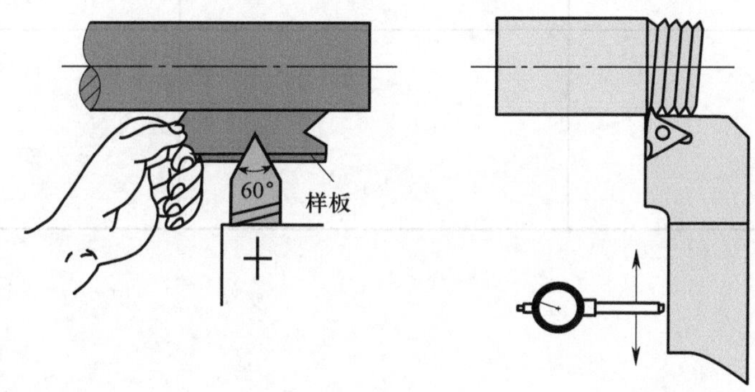

图 4–6　螺纹车刀装夹

擦净刀具和刀架安装位置。安装时，螺纹车刀不宜伸出过长，一般为刀杆长度的 1 ~ 1.5 倍，刀尖必须与工件中心等高，否则会影响螺纹加工尺寸和牙型。刀片切削刃必须与工件端面平行（内螺纹车刀尽量用垫铁来保证装夹高度和稳定性），刀杆装夹面与刀架接触面平行且靠紧。固定刀具位置，交替旋紧刀架螺钉，夹紧刀具。可采用试切法或百分表校验刀杆直线度。

4．对刀和校验程序

（1）通过试切法设置工件坐标系原点并校验刀具的对刀误差。

（2）程序校验

在表 4–16 中记录程序输入和校验时产生的报警号，并说明产生报警的原因及解决办法。

表 4–16　报警内容记录单

报警号	报警内容	报警原因	解决办法

续表

报警号	报警内容	报警原因	解决办法

5．自动加工

（1）左端轮廓自动加工

螺纹端盖左端轮廓加工工序过程和工序图见表 4–17。

表 4–17　　螺纹端盖左端轮廓加工工序图

序号	工序	工序图
1	卡盘硬爪装夹 ϕ75 mm 圆柱面，调出内孔轮廓粗、精加工程序	

续表

序号	工序	工序图
2	内沟槽粗、精加工	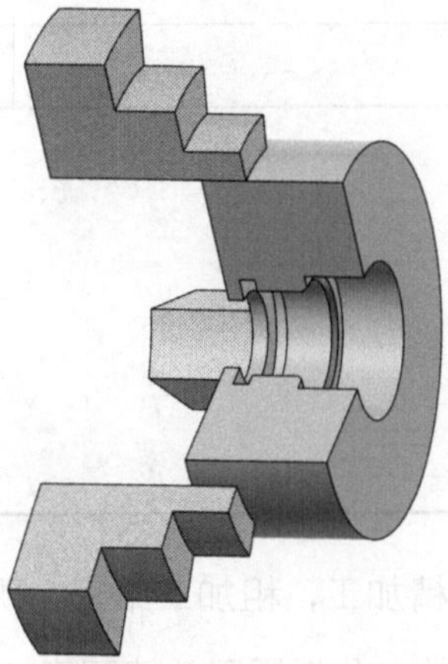
3	内螺纹及左端外轮廓加工	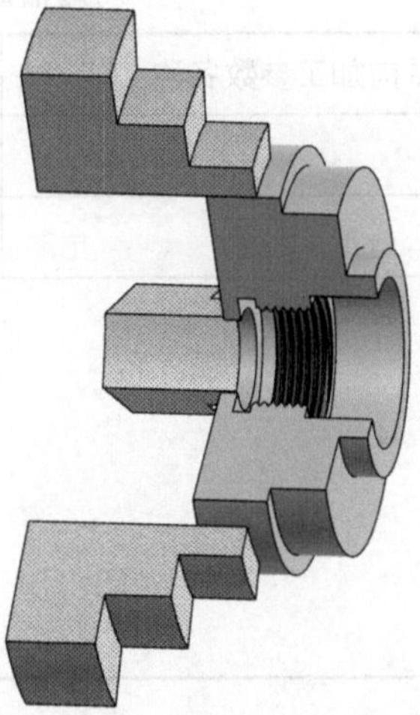

①三爪自定心卡盘硬爪装夹 ϕ75 mm 圆柱面，调出内孔轮廓粗、精加工程序，转入自动加工模式，对工件进行试切加工，并在加工过程中密切观察加工状态，如有异常现象及时停机检查，分析并记录异常原因。

②内孔轮廓粗加工完毕，精确测量加工尺寸，根据测量结果，修改刀具补正值，再进行精加工。若粗加工尺寸误差较大，调试加工参数，将调试数据和名称记录在表 4–18 中，并分析误差原因。

表 4–18 内孔轮廓调试加工参数名称及数值

序号	调试前加工参数名称	数据值	调试后数据值

产生原因：

③内沟槽进行粗、精加工，粗加工结束，测量尺寸是否和粗加工尺寸一致，表面粗糙度是否达到要求。如有误差，调试加工参数，分析原因并填写表 4–19。

表 4–19 内沟槽调试加工参数名称及数值

序号	调试前加工参数名称	数据值	调试后数据值

产生原因：

④内螺纹及左端外轮廓加工，用螺纹塞规进行检测，调试加工参数，如有误差，分析原因并填写表 4–20。

表 4–20 内螺纹及左端外轮廓调试加工参数名称及数值

序号	调试前加工参数名称	数据值	调试后数据值

产生原因：

⑤螺纹加工中如果出现烂牙、乱牙、螺纹塞规都通的情况，是由哪些因素造成?

一般是由刀具或工件安装位置不正确、刀具磨损、刀片不正或崩刃、螺纹切削深度错误、螺纹加工前初始直径超差等因素造成的。

（2）右端轮廓自动加工

螺纹端盖右端轮廓加工工序过程和工序图见表 4–21。

表 4–21　　螺纹端盖右端轮廓加工工序图

序号	工序	工序图
1	拆去三爪自定心卡盘硬爪，安装软爪，并镗软爪（镗一个 ϕ68 mm、深度为 6 mm 的孔，并用软爪修调器调整）	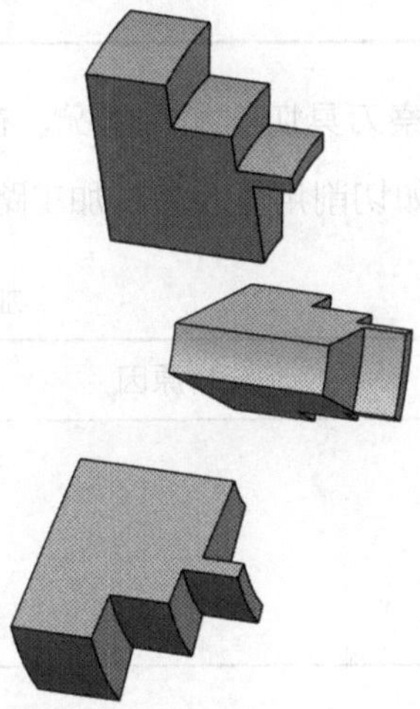
2	装夹左端已加工好的 ϕ68 mm 圆柱面，调用右端轮廓加工程序	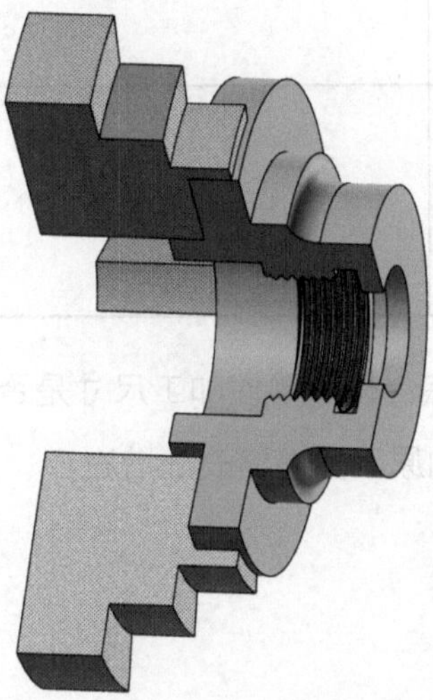

粗加工结束，测量尺寸是否和粗加工尺寸一致，表面粗糙度是否达到要求。如有误差，调试加工参数，分析原因并填写表 4–22。

表 4-22　　右端轮廓调试加工参数名称及数值

序号	调试前加工参数名称	数据值	调试后数据值

产生原因：

（3）加工中注意观察刀具切削加工情况，在表 4-23 中记录加工中不合理的因素及出现的问题，以便于纠正，提高工作效率（如切削用量、刀具加工路径等是否合理，刀具是否有干涉等）。

表 4-23　　加工中遇到的问题

问题	分析原因	预防措施	改进方法

（4）加工完毕，综合检测零件加工尺寸是否符合图样要求。若合格，将工件卸下，进行下一件的加工；若不合格，分析报废的原因并提出改进措施。

（5）根据零件加工路径，估算零件加工时间（估算方法：总时间约为实际加工路径的总距离除以进给量，再加上装夹零件和刀具、编程、调整参数等辅助时间）是否满足生产时间要求，为后续批量生产或工艺修调做准备。

三、保养机床，清理场地

加工完毕，按照图样要求进行自检，正确放置零件，并进行产品交接确认；按照国家环保相关规定和车间要求整理现场，清扫切屑，保养机床，并正确处置废油液等废弃物；按车间规定填写设备日常保养记录卡（附表 1）。

检查各部件及润滑油油压是否正常，将异常问题记录下来。

学习活动3　螺纹端盖的检验与加工质量分析

学习目标

1. 能根据零件图，合理选择检验量具。
2. 能规范、熟练地使用螺纹塞规、内孔塞规、半径样板等量具，并对其进行保养和维护。
3. 能根据零件尺寸的测量结果，分析误差产生的原因。
4. 能按照生产车间管理要求，正确放置检验量具。

建议学时：2学时。

学习过程

一、明确测量要素，选取检测量具

1．对于内螺纹，常用图4–7所示的螺纹塞规进行检测，简述螺纹塞规的测量方法。

图4–7　螺纹塞规

先根据被测螺纹标记，选择合适规格的螺纹塞规，并擦拭干净。将螺纹塞规的通端右旋旋入内螺纹，能顺利旋入、旋出且无过大间隙；将螺纹塞规的止端右旋旋入内螺纹，不能旋入的，则螺纹合格。

2．以B面为基准面，用游标卡尺在螺纹端盖左端面不同点测量两平面间的厚度，根据读数确定该位置的平行度是否有误差。简述游标卡尺测量时的注意事项。

使用前，将游标卡尺的两个测量面擦拭干净，校准零位。测量前，将零件的被测量表面擦拭干净，以免影响测量精度。测量时，游标卡尺的测量部位与零件被测尺寸方向一致，如测量外径时，外测量爪平面要与零件的中心线垂直；测量长度时，内测量爪平面与被测平面平行。读取数值后，再将游标卡尺退出，以保证读数准确性。如果必须取下游标卡尺读数，应锁紧螺钉后，再轻轻滑出游标卡尺读数。使用完毕要擦净游标卡尺测量面并涂上专用的防锈油后，置于盒内保管。

3．检测工件表面粗糙度常用样块比较法。查阅资料，并结合图 4–8 所示车床表面粗糙度对比样块，简述样块比较法的概念及注意事项。

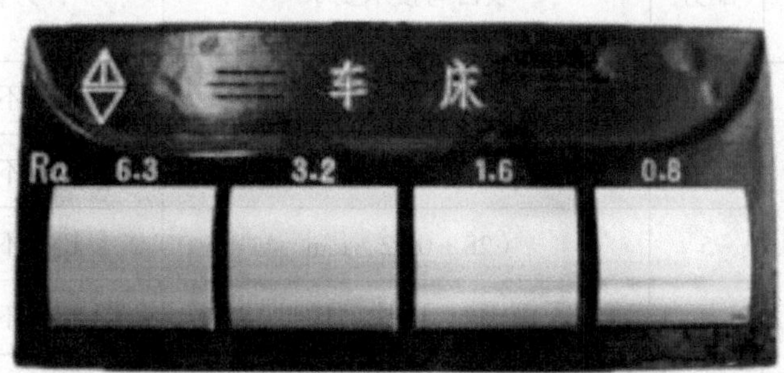

图 4–8　车床表面粗糙度对比样块

表面粗糙度比较样块是以比较法来检查机械零件加工表面的表面粗糙度的一种量具。通过目测或放大镜，将表面粗糙度比较样块与被测零件进行比较，判断表面粗糙度的级别。

表面粗糙度比较样块在使用时需注意应尽量和被测零件处于同等条件下（包括表面色泽、照明条件等），不得用手直接接触表面粗糙度比较样块，应对其严格防锈，并避免划伤。

4．根据零件的被测量要素，填写表 4–24 中的检测内容及其所对应的量具。

表 4–24　检测内容及其所对应的量具

序号	量具名称	量具规格（精度）	检测内容	备注
1	游标卡尺	0 ~ 125 mm（0.02 mm）	长度［12 mm、$16_{0}^{+0.018}$ mm、$5_{0}^{+0.012}$ mm、（28 ± 0.02）mm］、平行度	
2	外径千分尺	25 ~ 50 mm、50 ~ 75 mm（0.01 mm）	外径（$\phi 4_{-0.025}^{0}$ mm、ϕ48 mm、ϕ68 mm）	
3	内孔塞规	ϕ18 mm、ϕ30 mm	内孔（ϕ18 mm、$\phi 30_{0}^{+0.021}$ mm）	
4	半径样板	R1 ~ 6.5 mm	R4 mm	
5	螺纹塞规	M24 × 1.5—7H	M24 × 1.5—7H	
6	百分表及磁性表座	40 mm（0.01 mm）	垂直度	

二、检测螺纹端盖零件，填写表 4–25

表 4–25　螺纹端盖零件检测表

工件编号						
序号	名称	配分	项目与技术要求	评分标准	检测记录	得分
1	主要尺寸（56分）	5 × 2	$\phi 40_{-0.025}^{0}$ mm（2 处）	超差不得分		
2		3	ϕ68 mm	超差不得分		
3		3	ϕ48 mm	超差不得分		
4		5	$\phi 30_{0}^{+0.021}$ mm	超差不得分		
5		4	ϕ18 mm	超差不得分		

续表

工件编号		配分	项目与技术要求	评分标准	检测记录	得分
序号	名称					
6	主要尺寸（56分）	5	$5^{+0.012}_{0}$ mm	超差不得分		
7		5	$16^{+0.018}_{0}$ mm	超差不得分		
8		5	（28 ± 0.02）mm	超差不得分		
9		8	M24 × 1.5—7H	超差不得分		
10		4	// 0.04 B	超差不得分		
11		4	⊥ 0.04 A	超差不得分		
12	次要尺寸（16分）	2	*R*4 mm	超差不得分		
13		4	*ϕ*28 mm	超差不得分		
14		4	11 mm	超差不得分		
15		4	12 mm	超差不得分		
16		2	*C*1 mm	超差不得分		
17	表面粗糙度（13分）	1 × 8	*Ra*1.6 μm（8处）	降级不得分		
18		1 × 5	*Ra*3.2 μm（5处）	降级不得分		
19	主观评分（10分）	3.5	已加工零件倒角、倒圆、去毛刺是否符合图样要求			
20		3.5	已加工零件是否有划伤、碰伤和夹伤			
21		3	已加工零件与图样要求的一致性以及其余表面粗糙度			
22	更换毛坯（5分）	5	是否更换毛坯	是 / 否		
23	职业素养	扣分	能正确穿戴工作服、工作鞋、安全帽等劳动防护用品。每违反一项扣2分			
24			能按机床使用正确规范进行开关机、对刀等基本操作。每误操作一次扣2分			
25			能规范使用及保养工具、量具和辅具。每违规操作一次扣2分			
26			能做好设备清洁、保养工作。不清洁、不保养扣3分；保养不彻底扣2分			
总配分		100		总得分		

三、根据产品加工质量情况分析并提出工艺方案修改意见

对不合格项目进行分析、讨论，小组提出工艺方案修改意见，完成表 4–26 的填写。

表 4–26　　加工质量分析表

不合格项目	工作任务项目	产生原因	预防及改进措施

四、常用量具保养

了解螺纹塞规、内孔塞规和半径样板等通用量具的清洗和保养规则，使用完后按要求保养、放置。

五、正确放置零件，并进行产品交接确认

学习活动 4　工作总结与评价

学习目标

1. 能按照螺纹端盖加工综合评价表完成自评。

2. 能团结合作，互帮互助，小组共同完成高质量的成果汇报。

3. 能按分组情况派代表展示零件加工成果，使用专业术语讲述本任务的完成情况，并做分析总结。

4. 能认真听取其他组汇报，取长补短，精益求精，就本任务中出现的问题提出改进措施。

5. 能结合自身任务完成情况，正确、规范地撰写工作总结（心得体会）。

建议学时：4 学时。

学习过程

学习评价以学习目标为导向，围绕学习过程设计评价要点，依据多元评价理论，从不同角度关注学生综合职业能力和职业素质的养成。在教学过程中，分别以自我评价、小组评价和教师评价三部分综合构成，检验并提升学生的综合职业能力。最终学生成绩按下式进行计算：总评成绩 = 自我评价（40%）+ 小组评价（10%）+ 教师评价（50%）。

一、自我评价

学生通过自我评价发现自己存在的问题和不足，自我评价总分占学习评价的 40%（其中产品评价占 20%，自我评价占 20%）。

自我评价表见附表 2。

二、小组评价

小组评价由“组内工作过程考核互评”和“组间展示互评”两部分组成。“组内工作过程考核互评”让学生在评价别人和接受别人评价中发现问题、解决问题。“组间展示互评”把个人制作好的零件先进行分组展示，再由小组推荐代表做工作过程的介绍。在展示的过程中，以组为单位进行评价；评价完成后，根据其他组成员对本组展示的成果评价意见进行归纳总结。通过组内和组间互相考核，促进学生按规范认真完成工作任务，也使评价者在互评中完成知识学习和素质养成，小组评价总分占学习评价的 10%。

组内工作过程考核互评表见附表 3。

组间展示互评表见附表 4。

三、教师评价

教师评价的目的是提供有效的诊断和反馈，强化和改进教学的实施，对学生的学习过程进行评价。首先，教师对展示的作品分别做评价：一是找出各组的优点进行点评。二是对展示过程中各组的缺点进行点评，提出改进方法。三是对整个任务完成中出现的亮点和不足进行点评。其次，教师在教学过程中，根据学生的具体行为表现，按教师评价指标进行评价，教师评价总分占学习评价的 50%。

教师评价表见附表 5。

四、总结提升

1．如何提高学习过程中团队协作的效率？

建议：根据实际，从任务计划、加工工艺安排、数控加工指令学习、加工测量等方面，结合团队合作过程中出现的问题、解决方法和努力方向来总结回答。

2．一个优秀的企业员工要具备哪些职业素养？通过本任务的学习，反思自己在哪些方面还有欠缺？如何增强？

建议：查阅资料，结合实际和零件检测结果反思自身不足。

3．在工作成果汇报过程中，如何提升自己的语言表达能力？

建议：根据工作成果汇报，结合教师和小组评价来回答。

4. 试结合自身任务完成情况，通过交流、讨论等方式较全面、规范地撰写本任务的工作总结（包含影响产品质量的因素、工艺顺序安排的依据和重要性、企业制订工作生产计划的理由等）。

工作总结（心得体会）

任务拓展

螺纹顶盖的数控车加工

一、零件图

某企业接到一批螺纹顶盖（图 4–9）加工订单，数量为 30 件。来料加工，材料为 45 钢，毛坯尺寸为 $\phi 42$ mm×35 mm，交货期为 7 天。该零件由圆柱体、内沟槽和内螺纹组成，生产主管计划用数控车床进行加工。

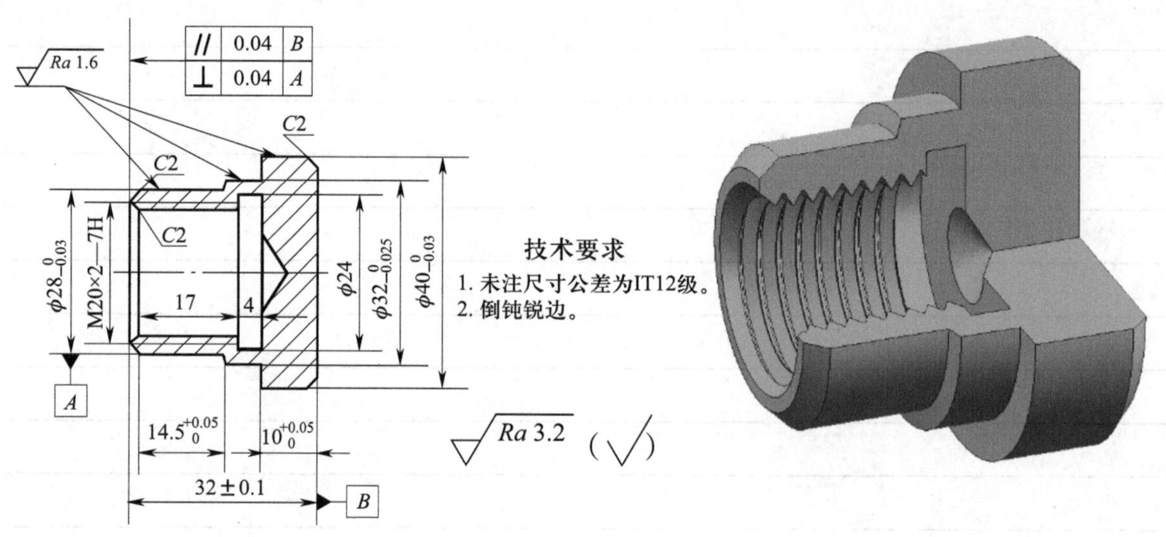

图 4–9　螺纹顶盖

二、评分标准

按表 4–27 所示项目和技术要求检测螺纹顶盖是否合格。

表 4–27　螺纹顶盖零件检测表

工件编号		配分	项目与技术要求	评分标准	检测记录	得分
序号	名称					
1	主要尺寸（48 分）	8	$\phi 32_{-0.025}^{0}$ mm	超差不得分		
2		8	$\phi 40_{-0.03}^{0}$ mm	超差不得分		
3		8	$\phi 28_{-0.03}^{0}$ mm	超差不得分		
4		8	// 0.04 B	超差不得分		
5		8	⊥ 0.04 A	超差不得分		
6		8	M20×2—7H	超差不得分		

续表

工件编号		配分	项目与技术要求	评分标准	检测记录	得分
序号	名称					
7	次要尺寸（25分）	5	$14.5^{+0.05}_{0}$ mm	超差不得分		
8		5	（32 ± 0.1）mm	超差不得分		
9		5	$10^{+0.05}_{0}$ mm	超差不得分		
10		4	17 mm	超差不得分		
11		2 × 3	*C*2 mm（3 处）	超差不得分		
12	表面粗糙度（12分）	2 × 3	*Ra*1.6 μm（3 处）	降级不得分		
13		2 × 3	*Ra*3.2 μm（3 处）	降级不得分		
14	主观评分（10分）	3.5	已加工零件倒角、倒圆、去毛刺是否符合图样要求			
15		3.5	已加工零件是否有划伤、碰伤和夹伤			
16		3	已加工零件与图样要求的一致性以及其余表面粗糙度			
17	更换毛坯（5分）	5	是否更换毛坯	是 / 否		
18	职业素养	扣分	能正确穿戴工作服、工作鞋、安全帽等劳动防护用品。每违反一项扣 2 分			
19			能按机床使用规范正确进行开关机、对刀等基本操作。每误操作一次扣 2 分			
20			能规范使用及保养工具、量具和辅具。每违规操作一次扣 2 分			
21			能做好设备清洁、保养工作。不清洁、不保养扣 3 分；保养不彻底扣 2 分			
总配分		100	总得分			

世赛知识

世界技能大赛数控车项目中国参赛成绩

世界技能组织已成功举办 44 届世界技能大赛。我国于 2010 年加入世界技能组织，2011 年第一次参加世界技能大赛（第 41 届）。我国数控车项目在英国伦敦、德国莱比锡、巴西圣保罗、阿联酋阿布扎比、俄罗斯喀山五次世界技能大赛征战中次次有突破，累计获得 36 枚金牌、29 枚银牌、20 枚铜牌和 58 个优胜奖。而在第 45 届世界技能大赛数控车项目中实现了金牌零突破，中国代表团在第 44 届和第 45 届大赛上荣获了金牌总数、奖牌总数和团体总分第一的好成绩，以令人震撼的成绩向世界充分展现了“中国制造”的力量。获奖情况见表 4–28。

表 4–28　　奖牌榜（2011—2019）

赛事	奖牌	选手	培养学校	世赛培训基地
第 41 届世界技能大赛	无	盛国栋	浙江工业职业技术学院	江苏省盐城技师学院
第 42 届世界技能大赛	无	莫俊杰	广州市机电技师学院	北京市工业技师学院
第 43 届世界技能大赛	优胜奖	王帅	北京市工业技师学院	北京市工业技师学院
第 44 届世界技能大赛	银牌	陈智民	广东省机械技师学院	广东省机械技师学院
第 45 届世界技能大赛	金牌	黄晓呈	广东省机械技师学院	广东省机械技师学院

学习任务五　气缸连接头的数控车加工

学习目标

1. 能根据加工任务，通过小组讨论，共同制订合理的工作计划。

2. 能根据任务书、零件图加工要求，通过查阅学习资料，确定加工基准，分析并制定数控加工工艺，完成加工工序卡的填写。

3. 能合理选择编程指令，完成气缸连接头加工程序的编制。

4. 能严格按照企业安全操作规程、工艺规程、环境等要求规范地独立操作数控车床，完成气缸连接头的数控车加工，并解决在此过程中出现的简单报警。

5. 能合理选择量具，规范、熟练地使用螺纹环规、半径样板等量具在加工过程中进行适时测量，并调整尺寸加工参数，保证零件精度。

6. 能按照零件精度要求，检验零件是否达到工艺要求并判断加工质量，分析误差原因，提出修改意见。

7. 能按车间现场“6S”管理规定和产品工艺流程的要求，正确放置工具、产品，对机床、工具进行维护保养，并规范填写保养记录表。

8. 能主动获取有效信息，团结协作，展示工作成果，对学习与工作进行反思总结，并能与他人开展良好合作，进行有效的沟通。

建议学时

60 学时。

工作情境描述

某企业接到一批气缸连接头（图 5–1）的加工订单，数量为 30 件。来料加工，材料为 45 钢棒料，毛坯尺寸为 ϕ45 mm×60 mm，交货期为 10 天。该零件由台阶轴、内螺纹、内沟槽、孔和管螺纹等组成，生产主管计划用数控车床进行加工。

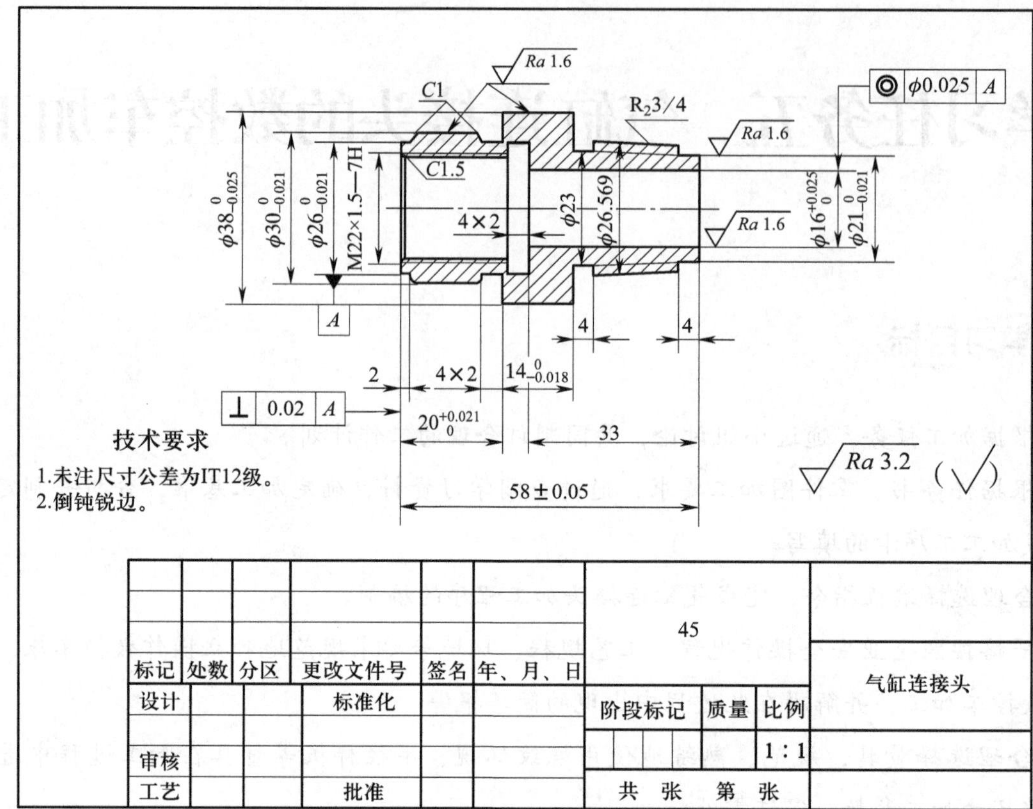

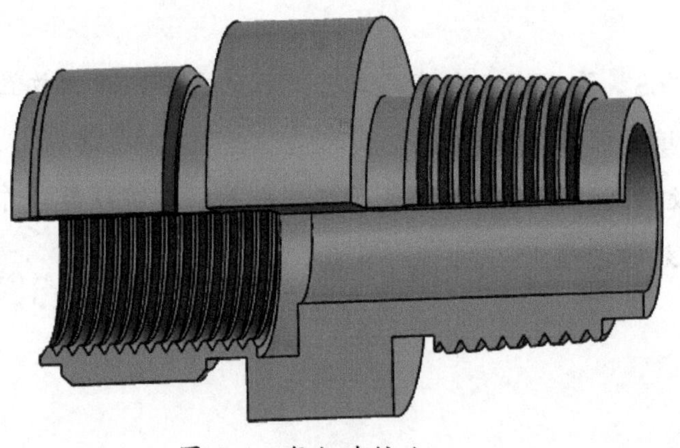

图 5-1　气缸连接头

工作流程与活动

1．气缸连接头的工艺分析与编程（8 学时）

2．气缸连接头的数控车加工（46 学时）

3．气缸连接头的检验与加工质量分析（2 学时）

4．工作总结与评价（4 学时）

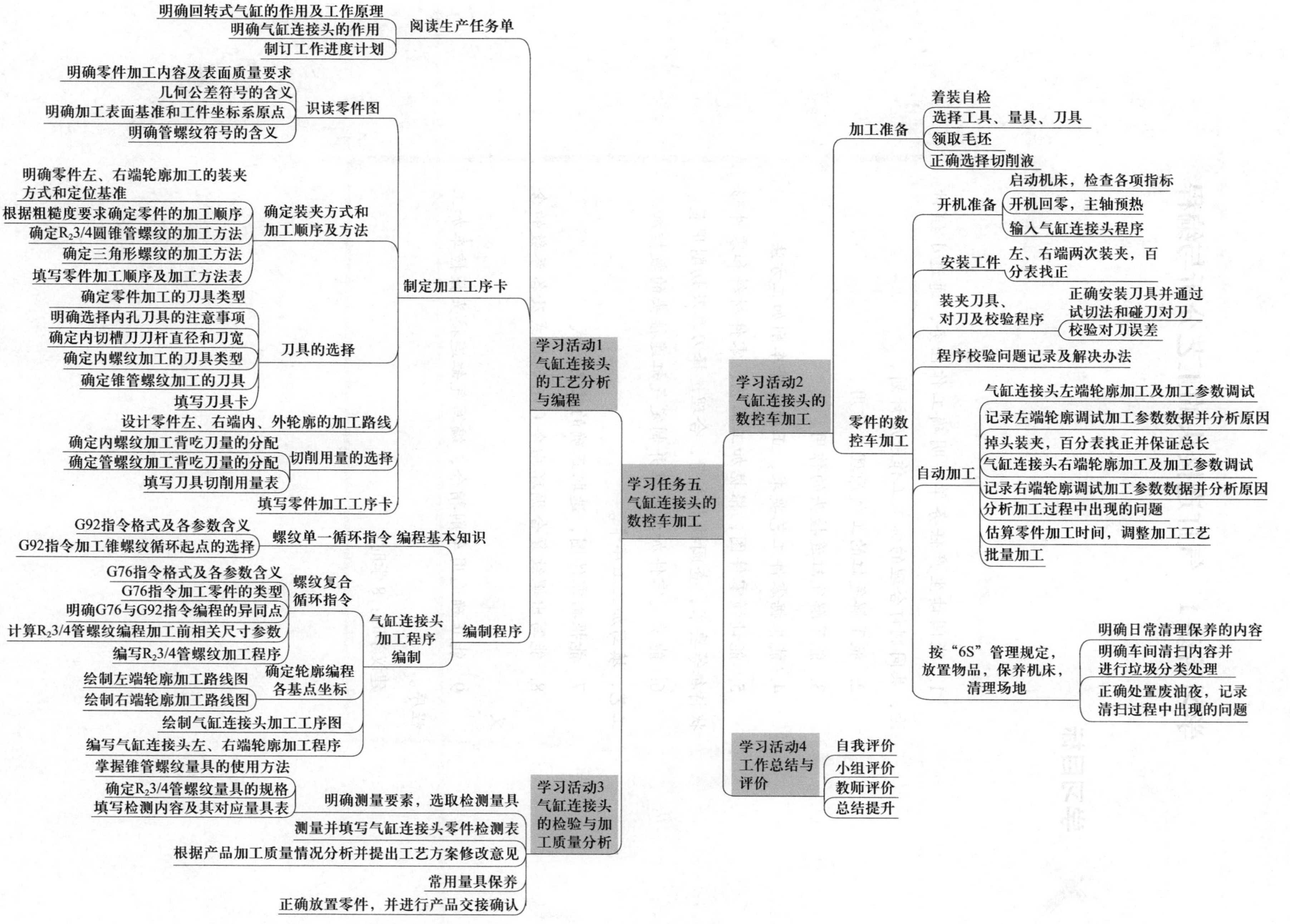
学习任务五 气缸连接头的数控车加工
学习活动1 气缸连接头的工艺分析与编程
阅读生产任务单
明确回转式气缸的作用及工作原理
明确气缸连接头的作用
制订工作进度计划
制定加工工序卡
识读零件图
明确零件加工内容及表面质量要求
几何公差符号的含义
明确加工表面基准和工件坐标系原点
明确管螺纹符号的含义
确定装夹方式和加工顺序及方法
明确零件左、右端轮廓加工的装夹方式和定位基准
根据粗糙度要求确定零件的加工顺序
确定$R_2$3/4圆锥管螺纹的加工方法
确定三角形螺纹的加工方法
填写零件加工顺序及加工方法表
刀具的选择
确定零件加工的刀具类型
明确选择内孔刀具的注意事项
确定内切槽刀刀杆直径和刀宽
确定内螺纹加工的刀具类型
确定锥管螺纹加工的刀具
填写刀具卡
设计零件左、右端内、外轮廓的加工路线
切削用量的选择
确定内螺纹加工背吃刀量的分配
确定管螺纹加工背吃刀量的分配
填写刀具切削用量表
填写零件加工工序卡
编制程序
螺纹单一循环指令 编程基本知识
G92指令格式及各参数含义
G92指令加工锥螺纹循环起点的选择
螺纹复合循环指令
G76指令格式及各参数含义
G76指令加工零件的类型
明确G76与G92指令编程的异同点
计算$R_2$3/4管螺纹编程加工前相关尺寸参数
编写$R_2$3/4管螺纹加工程序
气缸连接头加工程序编制
确定轮廓编程各基点坐标
绘制左端轮廓加工路线图
绘制右端轮廓加工路线图
绘制气缸连接头加工工序图
编写气缸连接头左、右端轮廓加工程序
学习活动2 气缸连接头的数控车加工
加工准备
着装自检
选择工具、量具、刃具
领取毛坯
正确选择切削液
零件的数控车加工
开机准备
启动机床，检查各项指标
开机回零，主轴预热
输入气缸连接头程序
安装工件
左、右端两次装夹，百分表找正
装夹刀具、对刀及校验程序
正确安装刀具并通过试切法和碰刀对刀
校验对刀误差
程序校验问题记录及解决办法
自动加工
气缸连接头左端轮廓加工及加工参数调试
记录左端轮廓调试加工参数数据并分析原因
掉头装夹，百分表找正并保证总长
气缸连接头右端轮廓加工及加工参数调试
记录右端轮廓调试加工参数数据并分析原因
分析加工过程中出现的问题
估算零件加工时间，调整加工工艺
批量加工
按“6S”管理规定，放置物品，保养机床，清理场地
明确日常清理保养的内容
明确车间清扫内容并进行垃圾分类处理
正确处置废油夜，记录清扫过程中出现的问题
学习活动3 气缸连接头的检验与加工质量分析
明确测量要素，选取检测量具
测量并填写气缸连接头零件检测表
掌握锥管螺纹量具的使用方法
确定$R_2$3/4管螺纹量具的规格
填写检测内容及其对应量具表
根据产品加工质量情况分析并提出工艺方案修改意见
常用量具保养
正确放置零件，并进行产品交接确认
学习活动4 工作总结与评价
自我评价
小组评价
教师评价
总结提升

学习活动 1　气缸连接头的工艺分析与编程

学习目标

1. 能阅读生产任务单，明确工作任务，通过小组讨论，共同制订合理的加工工作进度计划。

2. 能了解气缸的工作原理与作用。

3. 能了解气缸连接头的作用。

4. 能根据零件工艺要求，正确选择车削加工方法。

5. 能读懂零件图，根据加工工艺、零件材料和零件形状特征等要求，查阅技术手册，合理选择刀具及切削用量。

6. 能确定零件加工基准并制定气缸连接头的数控加工工艺，填写加工工序卡。

7. 能根据零件图，选取正确的装夹方式。

8. 能写出螺纹复合循环指令 G76 的格式及各参数的含义。

9. 能正确选用车削指令，编写气缸连接头数控车加工程序。

建议学时：8 学时。

学习过程

一、阅读生产任务单（表 5-1）

表 5-1　　气缸连接头生产任务单

<table>
<tr><td colspan="2">单位名称</td><td colspan="2"></td><td>完成时间</td><td colspan="2">年　月　日</td></tr>
<tr><td>序号</td><td>产品名称</td><td>材料</td><td>生产数量</td><td colspan="3">技术标准、质量要求</td></tr>
<tr><td>1</td><td>气缸连接头</td><td>45 钢</td><td>30</td><td colspan="3">按图样要求</td></tr>
<tr><td>2</td><td></td><td></td><td></td><td colspan="3"></td></tr>
<tr><td>3</td><td></td><td></td><td></td><td colspan="3"></td></tr>
<tr><td colspan="2">检测批准时间</td><td>年　月　日</td><td>批准人</td><td colspan="3"></td></tr>
<tr><td colspan="2">通知任务时间</td><td>年　月　日</td><td>发单人</td><td colspan="3"></td></tr>
<tr><td colspan="2">接单时间</td><td>年　月　日</td><td>接单人</td><td></td><td>生产班组</td><td>检测组</td></tr>
</table>

注：生产任务单与零件图等一起领取。

阅读表 5-1 气缸连接头生产任务单，查阅资料，回答下列问题。

1．简述气缸的种类有哪些。

按气缸活塞承受气体压力的方向，气缸可分为单作用气缸和双作用气缸；按气缸的安装形式，气缸可分为固定式气缸、轴销式气缸、回转式气缸；按气缸的功能，气缸可分为普通气缸、缓冲气缸、气液阻尼缸、摆动气缸、冲击气缸、特殊气缸等。

2. 简述回转式气缸（图 5-2）的作用及工作原理。

回转式气缸主要由导气头、缸体、活塞和活塞杆组成。回转式气缸是作用于机床夹具和线材卷曲装置上的一种气缸，是引导活塞在其中进行直线往复运动的圆筒形金属机件。

回转式气缸工作时，进、排气导管和导气头固定不动，缸体转动，引导活塞及活塞杆做往复直线运动。

图 5-2　回转式气缸

3．气缸连接头的作用是什么?

用于连接气缸活塞，消除误差，解决偏心问题，还可以保护相关零部件，使设备运行平稳，延长设备使用寿命。

4．本生产任务工期为 9 天，请根据任务要求，制订合理的工作进度计划，并根据小组成员的特点进行分工，完成表 5–2 的填写。

表 5–2 工作进度计划表

序号	工作内容	时间	成员	负责人
1	工艺分析			
2	编制程序			
3	程序检验与试切削调试			
4	车削加工			
5	成品检验与质量分析			

二、根据零件图，制定数控加工工序卡

1．识读气缸连接头零件图

（1）分析零件图，在表 5–3 中写出气缸连接头的主要加工尺寸、几何公差要求和表面质量要求，为零件的编程做准备。

表 5–3 气缸连接头零件图分析

序号	项目	内容	偏差范围（数值）
1	主要加工尺寸	ϕ16 mm	$^{+0.025}_{0}$ mm
2		ϕ21 mm	$^{0}_{-0.021}$ mm
3		ϕ26 mm	$^{0}_{-0.021}$ mm
4		ϕ30 mm	$^{0}_{-0.021}$ mm
5		ϕ38 mm	$^{0}_{-0.025}$ mm
6		4 mm × 2 mm	$^{+0.1}_{0}$ mm
7		4 mm	$^{+0.12}_{0}$ mm
8		2 mm	$^{+0.05}_{-0.05}$ mm
9		14 mm	$^{0}_{-0.018}$ mm
10		20 mm	$^{+0.021}_{0}$ mm

续表

序号	项目	内容	偏差范围（数值）
11	主要加工尺寸	33 mm	$^{+0.25}_{0}$ mm
12		58 mm	$^{+0.05}_{-0.05}$ mm
13		ϕ23 mm	$^{0}_{-0.21}$ mm
14		M22×1.5—7H	/
15		$R_2$3/4	/
16	几何公差要求	⊥ | 0.02 | A	0.02 mm
17		◎ | ϕ0.025 | A	ϕ0.025 mm
18	表面质量要求	*Ra*1.6 μm	/
19		*Ra*3.2 μm	/

（2）解释表 5–4 中几何公差的含义。

表 5–4　几何公差含义

标注符号	含义
⊥ | 0.02 | A	零件的左端面应位于距离为公差值 0.02 mm 且垂直于 $\phi 26^{0}_{-0.021}$ mm 圆柱中心线的两平行平面之间
◎ | ϕ0.025 | A	$\phi 16^{+0.025}_{0}$ mm 内孔中心线应位于直径为 0.025 mm 且与基准 $\phi 26^{0}_{-0.021}$ mm 圆柱面中心线同心的圆柱内

（3）通过零件图分析，明确加工表面基准，确定零件加工的工件坐标系原点（图示说明），为选择合理的对刀方法做准备。

左端轮廓加工时以 O_1 为工件坐标系原点，右端轮廓加工时以 O_2 为工件坐标系原点。

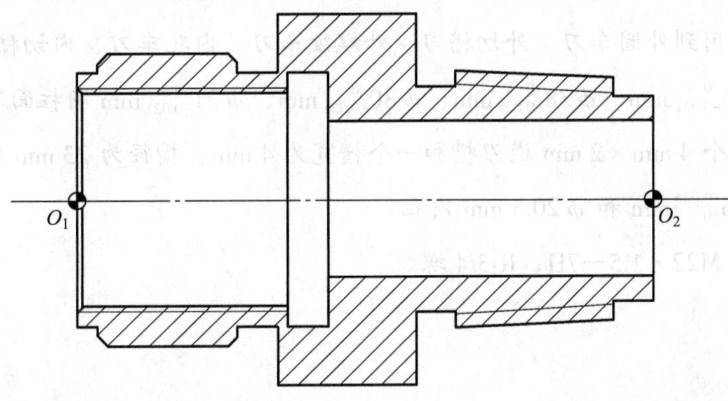

（4）查阅资料，简述 R_2 3/4 的含义。

R_2 为圆锥外螺纹（55° 密封管螺纹）代号，3/4 为螺纹尺寸，单位为英寸，$R_2$3/4 表示 55° 密封圆锥管螺纹（右旋圆锥外螺纹）。

2．确定气缸连接头的装夹方式和加工顺序及方法

（1）气缸连接头是左、右端内、外轮廓综合加工，故采用 两 次装夹，分别以 ϕ45 mm 毛坯圆柱面 和 $\phi 38_{-0.025}^{\ 0}$ mm 圆柱面及其左端面（或 $\phi 30_{-0.021}^{\ 0}$ mm 圆柱面、$\phi 38_{-0.025}^{\ 0}$ mm 圆柱左端面） 为定位基准。在加工右端面轮廓的装夹过程中，为防止零件变形，达到几何公差的要求，可采用 铜皮 进行装夹面防护， 百分表 找正的方式。

（2）气缸连接头表面粗糙度要求较高（分别为 $Ra3.2\ \mu m$ 和 $Ra1.6\ \mu m$），因此，外轮廓表面采用 先粗后精、基面先行 原则来确定加工顺序，先加工 外圆 轮廓，再加工 槽和螺纹 轮廓。加工内孔时为避免偏心等因素影响几何公差要求，应采取 钻—扩—镗 的工艺方式来保证加工要求。

（3）R_2 3/4 圆锥管螺纹加工要先车出 锥面 ，再车出 锥螺纹 。

（4）M22×1.5—7H 三角形螺纹加工时，必须车孔至 ϕ20.5 mm 。

（5）根据以上学习资料，确定气缸连接头的加工顺序及加工方法，完成表 5-5 的填写。

表 5-5 零件的加工顺序及加工方法

顺序号	加工顺序	加工方法
1	左端外圆柱面（圆柱加工至 $\phi 38_{-0.025}^{\ 0}$ mm×38 mm）及 C1 mm 倒角	粗加工、精加工
2	左端外切槽 4 mm×2 mm	粗加工、精加工
3	左端内轮廓（内孔、内切槽、内螺纹）	粗加工、精加工
4	右端 $\phi 16_{\ 0}^{+0.025}$ mm×33 mm 内孔	钻—扩—镗
5	右端外轮廓（圆柱面、圆锥面、槽和外螺纹）	粗加工、精加工

3．刀具的选择

（1）加工本任务零件时，需要用到哪几类刀具？分别加工哪些轮廓？

本零件轮廓加工需要用到外圆车刀、外切槽刀、外螺纹车刀、内孔车刀、内切槽刀、内螺纹车刀。

外圆车刀：加工 $\phi 26_{-0.021}^{\ 0}$ mm、$\phi 38_{-0.025}^{\ 0}$ mm、$\phi 30_{-0.021}^{\ 0}$ mm、$\phi 21_{-0.021}^{\ 0}$ mm 圆柱面及螺纹外圆锥面。

内外切槽刀：加工两个 4 mm×2 mm 退刀槽和一个槽宽为 4 mm、槽径为 23 mm 的退刀槽。

内孔车刀：加工 $\phi 16_{\ 0}^{+0.025}$ mm 和 ϕ20.5 mm 内孔。

内外螺纹车刀：加工 M22×1.5—7H、$R_2$3/4 螺纹。

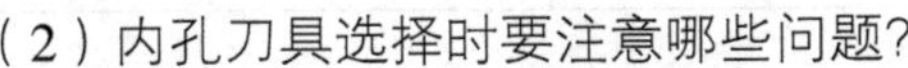

（2）内孔刀具选择时要注意哪些问题？

应注意刀杆直径、刀具切削角度、刀具切削进给方向、刀片形状等方面的问题。

（3）本任务零件对内切槽刀的刀杆直径和刀宽有要求吗？最适宜的取值是多少？

有要求，取值不当会发生过切或与工件干涉碰撞。一般根据加工槽的尺寸大小来选择刀宽，本任务零件刀宽取值小于等于 4 mm，刀杆直径不大于螺纹孔直径 20.5 mm。因此刀宽应取 3 mm 或 4 mm，刀杆直径应取 16 ～ 18 mm。

（4）$R_2$3/4 管螺纹可选择什么规格的刀具加工？为什么？

$R_2$3/4 管螺纹可直接选用 55° 三角形螺纹车刀进行加工。该螺纹为 55° 密封管螺纹，牙型角为 55°，管螺纹加工方法是先根据管螺纹参数计算锥管螺纹外径尺寸和螺纹深度，再用螺纹车刀车锥螺纹即可。

（5）根据本任务零件的加工内容，进行刀具的选择并完成表 5-6 刀具卡的填写。

表 5-6　　刀具卡

产品名称或代号		零件名称		零件图号	
刀具号	刀具名称	数量	加工内容	刀尖圆弧半径 /mm	刀具规格 /（mm × mm）
T01	90° 外圆车刀	1	粗车 $\phi 26^{0}_{-0.021}$ mm、$\phi 38^{0}_{-0.025}$ mm、$\phi 30^{0}_{-0.021}$ mm、$\phi 21^{0}_{-0.021}$ mm 圆柱面、C1 mm 倒角及螺纹外圆锥面	0.4	20 × 20
T02	90° 外圆车刀	1	精车 $\phi 26^{0}_{-0.021}$ mm、$\phi 38^{0}_{-0.025}$ mm、$\phi 30^{0}_{-0.021}$ mm、$\phi 21^{0}_{-0.021}$ mm 圆柱面、C1 mm 倒角及螺纹外圆锥面	0.2	20 × 20
T03	4 mm 外切槽刀	1	车 4 mm × 2 mm 外切槽	0.4	20 × 20
T04	95° 内孔车刀	1	粗车 $\phi 16^{+0.025}_{0}$ mm 和 $\phi 20.5$ mm 内孔	0.4	$\phi 12$
T05	95° 内孔车刀	1	精车 $\phi 16^{+0.025}_{0}$ mm 和 $\phi 20.5$ mm 内孔	0.2	$\phi 12$
T06	3 mm 内切槽刀	1	车 4 mm × 2 mm 内切槽	0.4	$\phi 16$
T07	55° 外螺纹车刀	1	$R_2$3/4 圆锥管螺纹	0.2	20 × 20
T08	60° 内螺纹车刀	1	M22 × 1.5—7H 螺纹	0.1	$\phi 12$

4．加工路线的设计

（1）根据所选用的刀具，绘制出零件左端内、外轮廓精加工路线图。

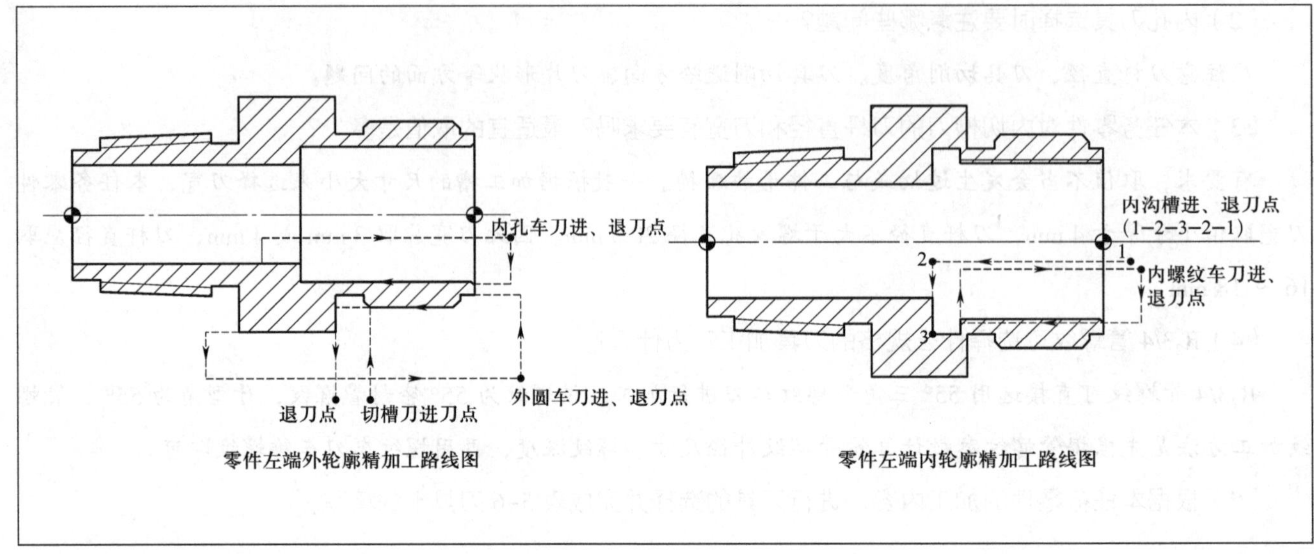

（2）根据所选用的刀具，绘制出零件右端内、外轮廓精加工路线图。

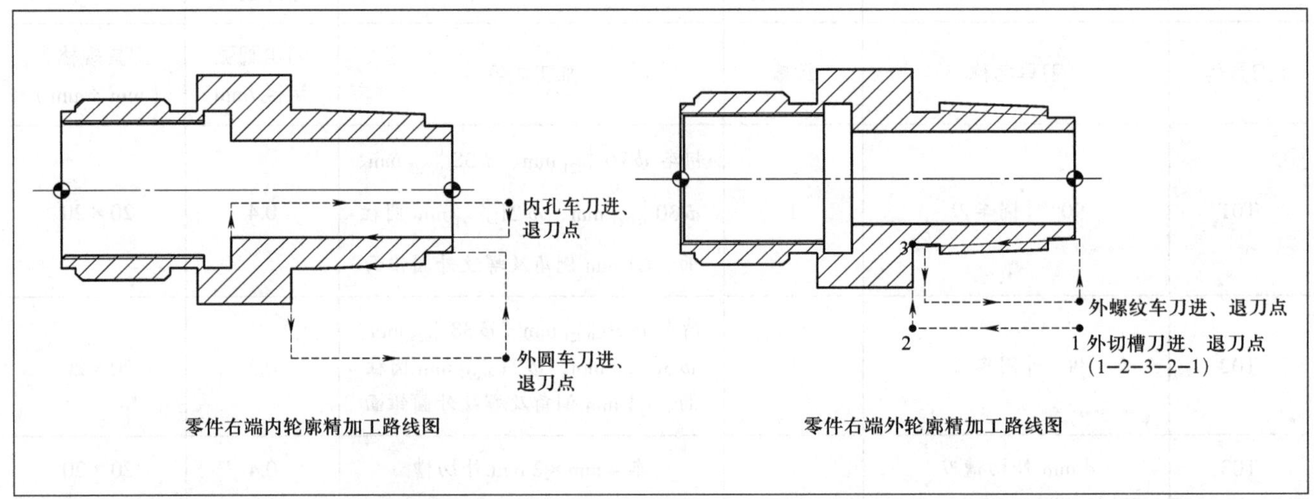

5．切削用量的选择

（1）三角形螺纹加工背吃刀量的分配

常用公制螺纹切削时的进给次数与实际背吃刀量（直径量）可参考经验值选取，见表 4–7。

（2）55° 圆锥管螺纹相关尺寸参数可查阅表 5–7。

表 5–7　55° 圆锥管螺纹尺寸参数表

螺纹代号	基本尺寸 / in	大径 / mm	螺距 / mm	每英寸牙数	中径 / mm	小径 / mm	牙型高度 / mm	圆弧 r 尺寸	底孔尺寸 / mm
R1/16	1/16	7.723	0.907	28	7.142	6.561	0.681	0.125	6.4
R1/8	1/8	9.728	0.907	28	9.147	8.566	0.581	0.125	8.4
R1/4	1/4	13.157	1.337	19	12.301	11.445	0.856	0.184	11.2

续表

螺纹代号	基本尺寸 / in	大径 / mm	螺距 / mm	每英寸牙数	中径 / mm	小径 / mm	牙型高度 / mm	圆弧 r 尺寸	底孔尺寸 / mm
R3/8	3/8	16.662	1.337	19	15.806	14.95	0.856	0.184	14.75
R1/2	1/2	20.955	1.814	14	19.793	18.631	1.162	0.249	18.25
R3/4	3/4	26.441	1.814	14	25.279	24.117	1.162	0.249	23.75
R1	1	33.249	2.309	11	31.77	30.291	1.479	0.317	30
R$1\frac{1}{4}$	$1\frac{1}{4}$	41.91	2.009	11	40.431	38.952	1.479	0.317	38.5
R$1\frac{1}{2}$	$1\frac{1}{2}$	47.803	2.309	11	46.324	44.845	1.479	0.317	44.5
R2	2	59.614	2.309	11	58.135	56.656	1.479	0.317	56
R$2\frac{1}{2}$	$2\frac{1}{2}$	75.184	2.309	11	73.705	72.226	1.479	0.317	71
R3	3	87.884	2.309	11	86.405	84.926	1.479	0.317	85.5
R4	4	113.03	2.309	11	111.551	110.072	1.479	0.317	110.5
R5	5	138.43	2.309	11	136.951	135.472	1.479	0.317	136
R6	6	163.83	2.309	11	162.351	160.872	1.479	0.317	161.5

（3）查阅刀具切削用量手册，结合刀具和加工方法等信息，选择合适的切削用量，完成表 5–8 的填写。

表 5–8　　刀具切削用量表

刀具号	刀具名称	加工内容	主轴转速 /（r/min）	进给速度 /（mm/min）	背吃刀量 / mm
T01	90° 外圆车刀	粗车 $\phi 26_{-0.021}^{0}$ mm、$\phi 38_{-0.025}^{0}$ mm、$\phi 30_{-0.021}^{0}$ mm、$\phi 21_{-0.021}^{0}$ mm 圆柱面、C1 mm 倒角及螺纹外圆锥面	800	100	1
T02	90° 外圆车刀	精车 $\phi 26_{-0.021}^{0}$ mm、$\phi 38_{-0.025}^{0}$ mm、$\phi 30_{-0.021}^{0}$ mm、$\phi 21_{-0.021}^{0}$ mm 圆柱面、C1 mm 倒角及螺纹外圆锥面	1 000	50	0.15
T03	4 mm 外切槽刀	车 4 mm × 2 mm 外切槽	500	50	2
T04	95° 内孔车刀	粗车 ϕ16 mm 和 ϕ20.5 mm 内孔	800	100	1
T05	95° 内孔车刀	精车 $\phi 16_{0}^{+0.025}$ mm 和 ϕ20.5 mm 内孔	1 000	50	0.15
T06	3 mm 内切槽刀	车 4 mm × 2 mm 内切槽	500	50	2
T07	55° 外螺纹车刀	$R_2$3/4 圆锥管螺纹	1 000	/	1.16
T08	60° 内螺纹车刀	M22 × 1.5—7H 螺纹	1 000	/	1.5

6．气缸连接头数控加工工序卡的制定

小组讨论（或独立）制定本任务零件数控加工工序，并完成表 5–9 数控加工工序卡的填写。

表 5-9　　数控加工工序卡

单位名称		产品名称或代号		零件名称		零件图号	
工序号	程序编号	夹具名称		使用设备		车间	
工步号	工步内容	刀具号	刀具规格 / mm	主轴转速 /（r/min）	进给速度 /（mm/min）	背吃刀量 / mm	备注
1	车端面	T01	20×20	500	手动	0.2	
2	粗车左端外圆柱面（圆柱加工至 $\phi 38_{-0.025}^{0}$ mm×38 mm）	T01	20×20	800	100	1	
3	精车左端外圆柱面（圆柱加工至 $\phi 38_{-0.025}^{0}$ mm×38 mm）	T02	20×20	1 000	50	0.15	
4	加工左端外切槽	T03	20×20	500	50	2	
5	粗车左端内孔（$\phi 16_{0}^{+0.025}$ mm×30 mm、ϕ20.5 mm×25 mm）	T04	ϕ12	800	100	1	
6	精车左端内孔（$\phi 16_{0}^{+0.025}$×30 mm、ϕ20.5 mm×25 mm）	T05	ϕ12	1 000	50	0.15	
7	加工左端内切槽	T06	ϕ16	500	50	2	
8	粗、精加工左端内螺纹	T08	ϕ12	1 000	/	1.5	
9	掉头装夹 $\phi 38_{-0.025}^{0}$ mm 圆柱面并保证总长（或软爪镗 ϕ38 mm×12 mm 孔后装夹）						
10	粗车右端 $\phi 16_{0}^{+0.025}$ mm 内孔	T04	ϕ12	800	100	1	
11	精车右端 $\phi 16_{0}^{+0.025}$ mm 内孔	T05	ϕ12	1 000	50	0.15	
12	粗车右端外圆锥面	T01	20×20	800	100	1	
13	精车右端外圆锥面	T02	20×20	1 000	50	0.15	
14	加工右端外切槽	T03	20×20	500	50	2	
15	粗、精加工右端外螺纹	T07	20×20	1 000	/	1.16	
编制		审核		批准		共　页	第　页

注：实际加工中，装夹 $\phi 38_{-0.025}^{0}$ mm 圆柱面时，百分表找正的装夹精度可能会影响工件夹持的稳定性，为避免这一情况，也可采用以 $\phi 30_{-0.021}^{0}$ mm 圆柱面、$\phi 38_{-0.025}^{0}$ mm 圆柱左端面为定位基准加工右端轮廓。

三、编制气缸连接头加工程序

1．编程基本知识

（1）简述 G92 指令的格式及各参数的含义。

G92 指令格式：

G92 X（U）__ Z（W）__ R__ F__；

X、Z——螺纹终点的绝对坐标值。

U、W——螺纹终点相对于螺纹起点的增量坐标值。

R——锥螺纹起点与终点的半径差，加工圆柱螺纹时 R 为零，可省略。

F——螺纹导程。

（2）G92 指令加工锥螺纹切入 Z 向起点可放至零平面吗？为什么？

圆锥螺纹切入 Z 向起点不可放至零平面。一要保证螺纹的导入距离，直接放至零平面，会导致刀具和工件发生碰撞；二要保证螺纹锥度的正确性，因此将圆锥螺纹的 Z 向起点放至螺纹锥度延长线外 2 ~ 3P 处，并保证刀具与工件无干涉。

（3）如图 5–3 所示，用 G92 指令加工锥螺纹时的轨迹是否正确？其非 Z 零点锥度如何计算？

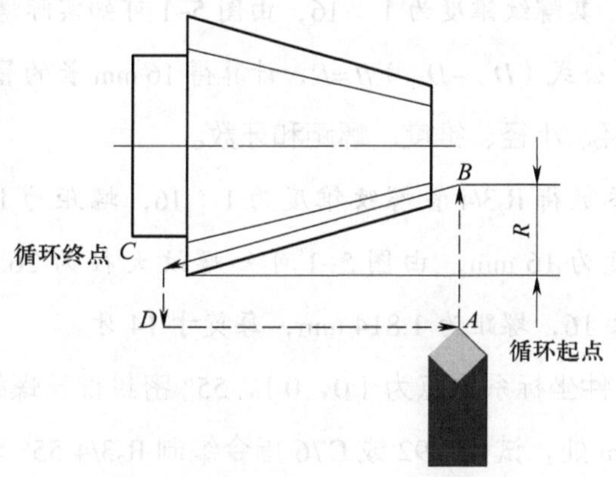

图 5–3　用 G92 指令加工锥螺纹走刀轨迹

轨迹正确。R=（螺纹起点直径 – 螺纹终点直径）/2。

2．气缸连接头编程指令

（1）简述 G76 指令的格式、各参数的含义及该指令的加工零件类型。

G76 指令格式：

G76 P（m）（r）（a）Q（Δd_{min}）R（d）;

G76 X（U）__ Z（W）__ R（i）__ P（k）Q（Δd）F__ ;

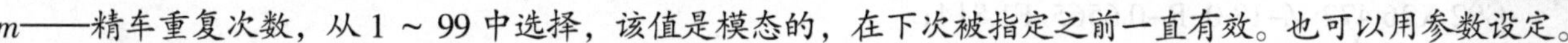

m——精车重复次数，从 1 ~ 99 中选择，该值是模态的，在下次被指定之前一直有效。也可以用参数设定。

r——螺纹尾端倒角量，等于 0.1 ~ 9.9 乘以螺纹导程（L），以 0.1 为一挡增加，设定时用 00 ~ 99 之间的两位数表示。

a——刀尖角度，可从 0、29°、30°、55°、60° 和 80° 六个角度中选择一个合适的，用两位数表示，值是模态的，在下次被指定之前一直有效。也可以用参数设定。

Δd_{min}——最小车削深度，用半径值指定，单位为 μm。

d——精车余量，用半径值指定，单位为 μm。

X（U）、Z（W）——螺纹终点坐标。

i——锥螺纹起、终端的半径差值，加工圆柱螺纹时为 0，可省略。

k——螺纹高度（X 轴方向上的牙型高），用半径值指定，单位为 μm。

Δd——第一次车削深度，用半径值指定，单位为 μm。

F——螺纹导程。

G76 指令可完成圆柱螺纹和圆锥螺纹的加工。

（2）简述 G76 指令和 G92 指令的异同点。

G92 和 G76 指令的相同点是都可以加工圆柱螺纹和圆锥螺纹。不同点是 G92 指令加工螺纹采用的切削方式是直进法，而 76 指令加工螺纹采用的切削方式是斜进法，粗车过程始终用一个切削刃进行切削，减小了切削阻力，提高了刀具寿命，为螺纹的精车提供了质量保证。

（3）计算 $R_2$3/4 管螺纹加工前的锥度尺寸。

根据 55° 密封管螺纹参数得，其螺纹锥度为 1∶16，由图 5-1 可知实际螺纹加工长度为 16 mm，螺纹锥面大径为 26.569 mm，根据锥度计算公式（$D_{大}-D_{小}$）$/L=R$，计算得 16 mm 长的管螺纹圆锥面小径为 25.569 mm。

（4）计算 $R_2$3/4 管螺纹的大径、小径、锥度、螺距和牙数。

根据表 5-7 和 55° 管螺纹参数得 $R_2$3/4 管螺纹锥度为 1∶16，螺距为 1.814 mm，牙型高度为 1.162 mm，每英寸 14 牙。本任务螺纹长度为 16 mm，由图 5-1 可知螺纹大径为 26.569 mm，螺纹小径 = 螺纹大径 −2H=24.245 mm，螺纹锥度为 1∶16，螺距为 1.814 mm，每英寸 14 牙。

（5）如图 5-4 所示，已知工件坐标系原点为（0，0），55° 密封锥管螺纹的 Z 向起点在工件坐标系正向 3 mm 处，试用 G92 或 G76 指令编制 $R_2$3/4 55° 密封管螺纹程序。

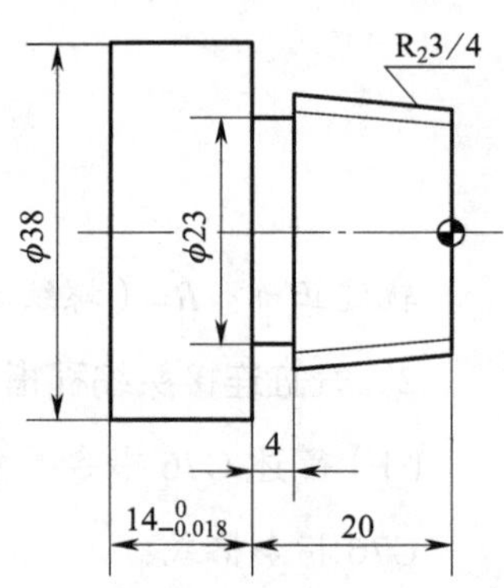

图 5-4　55° 密封管螺纹

在加工中为满足螺纹切削导入距离 3 mm、导出距离 2 mm 的要求，55° 圆锥管螺纹编程起点直径为 25.659 mm，终点直径为 26.972 mm，螺纹切深为 2H=2×1.162=2.324 mm，R=（$D_{大}-D_{小}$）/2=−0.656 5 mm。

螺纹程序如下：

```
......
G00 X30.0 Z3.0;
G92 X26.472  Z-18.0  R-0.6565  F1.814;
......
X24.648;
G00  X100.0  Z100.0;
M30;

......
G00  X30.0  Z3.0;
G76  P011055  Q50  R0.05;
```

G76 X24.648 Z-18.0 R-0.6565 P1162 Q400 F1.814;

G00 X100.0 Z100.0;

M30;

3．加工路线的确定

（1）根据本任务零件左端内、外轮廓，设计气缸连接头左端轮廓精加工路线及装夹方案，并标出轮廓编程基点、刀具进给方向及进、退刀点，写出各编程基点坐标（不同轮廓可采用不同颜色标记）。

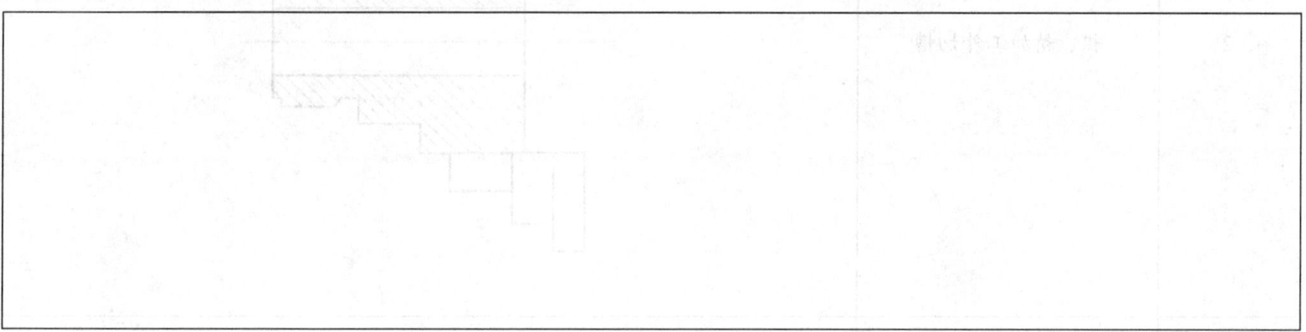

（2）根据本任务零件右端内、外轮廓，设计气缸连接头右端轮廓精加工路线及装夹方案，并标出轮廓编程基点、刀具进给方向及进、退刀点，写出各编程基点坐标（不同轮廓可采用不同颜色标记）。

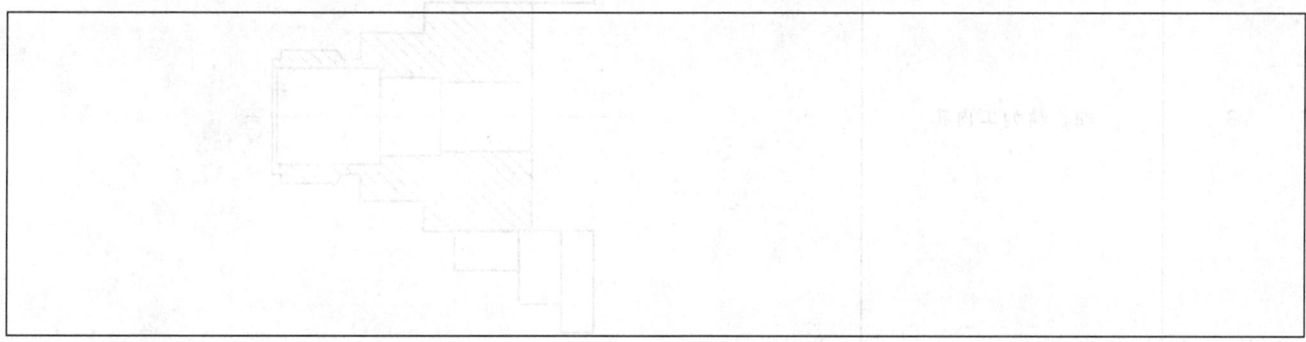

4．根据本任务零件左、右端轮廓的加工路线及装夹方案，在表 5-10 和表 5-11 中绘制出加工工序图。

表 5-10　　气缸连接头左端轮廓加工工序图

工序号	工序内容	工序图
1	用三爪自定心卡盘硬爪装夹 ϕ45 mm 毛坯圆柱面，调出外圆粗、精加工程序	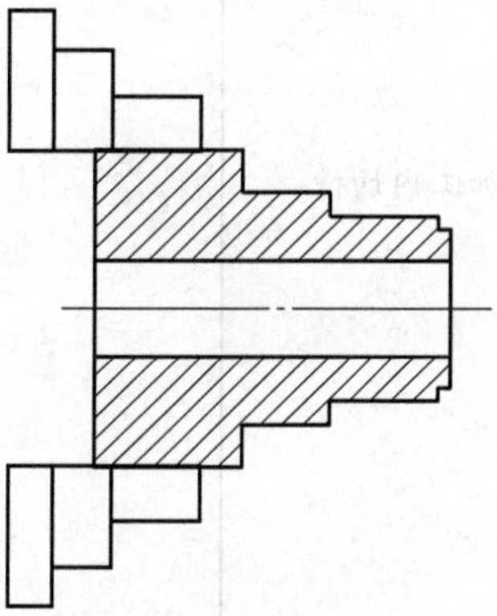

续表

工序号	工序内容	工序图
2	粗、精加工外切槽	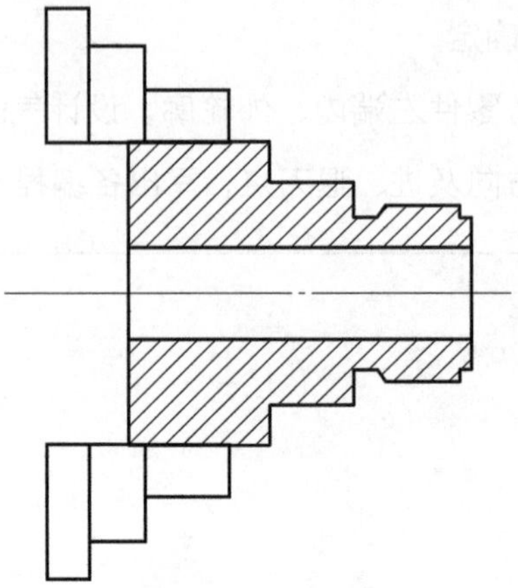
3	粗、精加工内孔	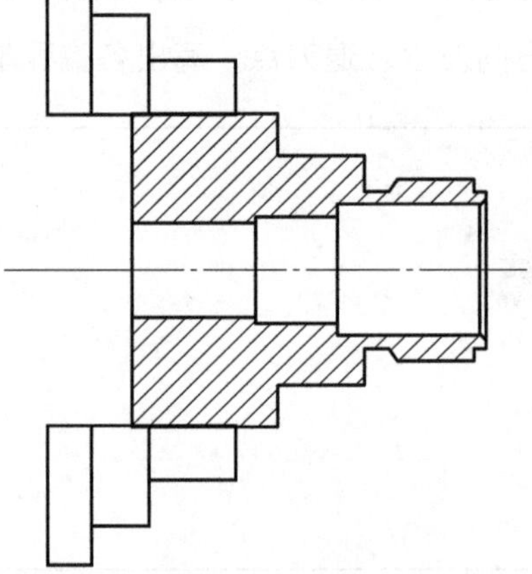
4	粗、精加工内切槽	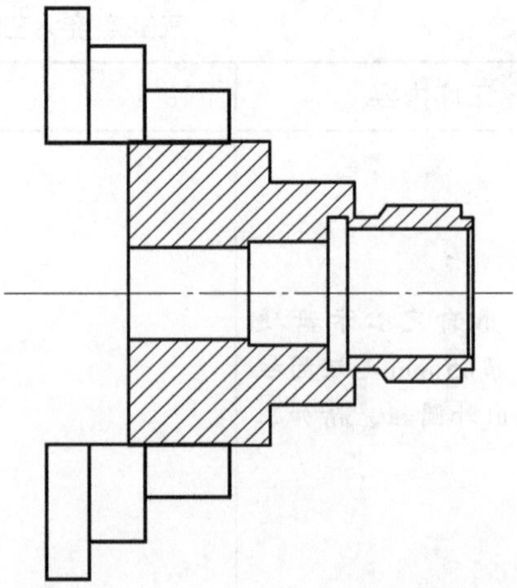

续表

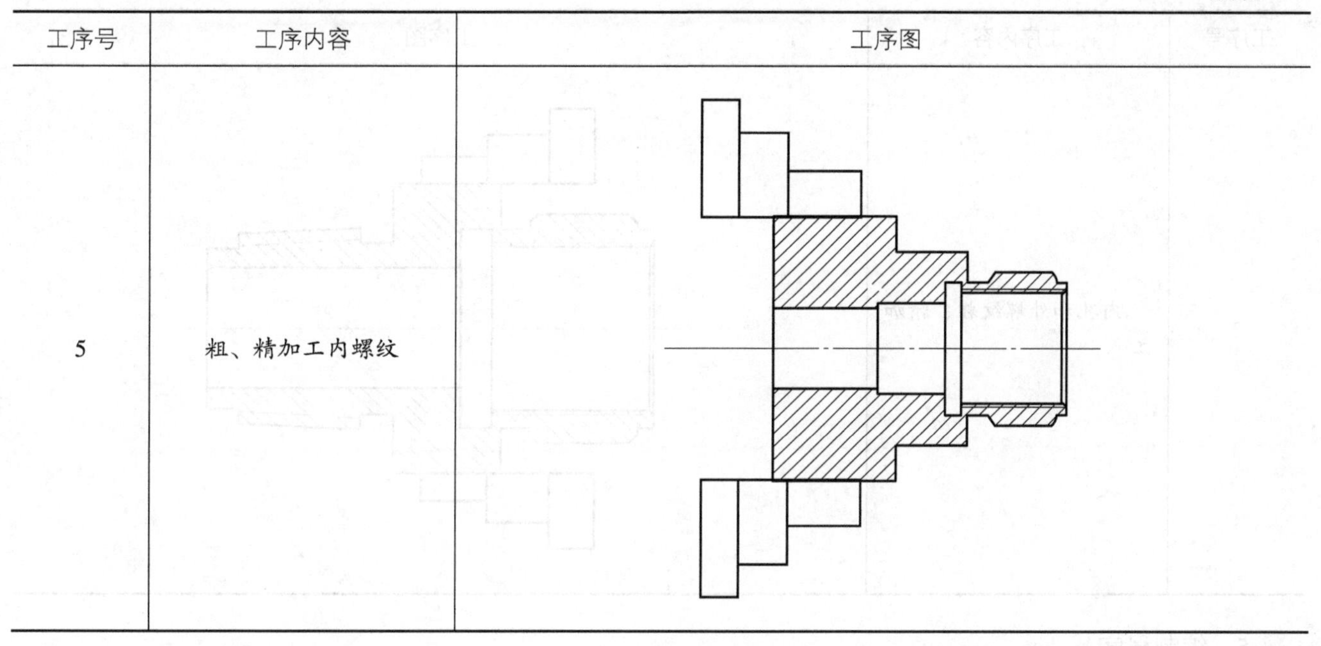

工序号	工序内容	工序图
5	粗、精加工内螺纹	

表 5-11　　　　气缸连接头右端轮廓加工工序图

工序号	工序内容	工序图
1	装夹左端已加工好的 $\phi 38_{-0.025}^{0}$ mm 圆柱面，调用右端外圆轮廓粗、精加工程序	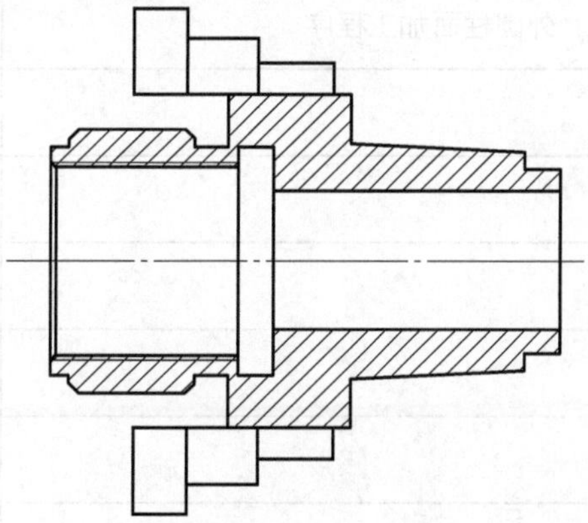
2	粗、精加工外切槽	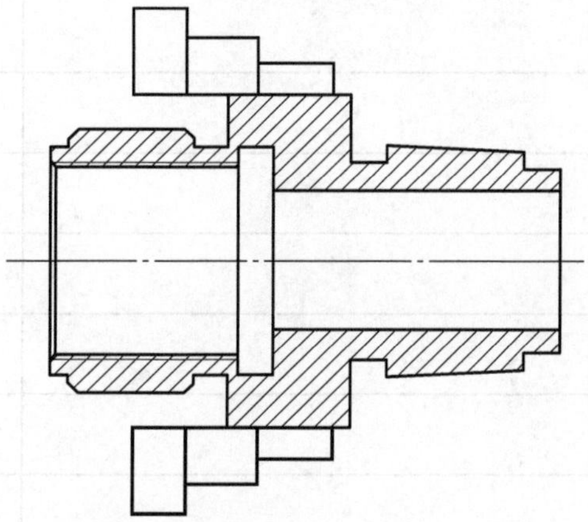

续表

工序号	工序内容	工序图
3	内孔和外螺纹粗、精加工	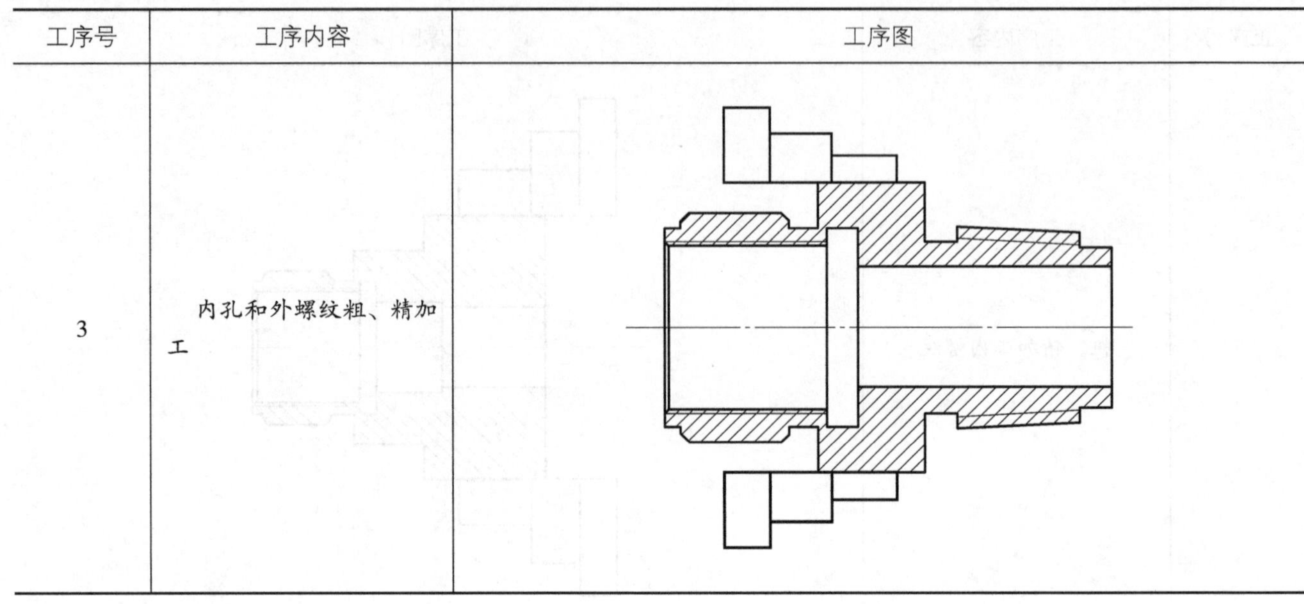

5．编制程序

（1）气缸连接头左端外轮廓加工程序（表 5–12）

表 5–12　　气缸连接头左端外轮廓加工程序

外圆柱面加工程序	外切槽加工程序

（2）气缸连接头左端内轮廓加工程序（表 5–13）

表 5–13 气缸连接头左端内轮廓加工程序

内孔加工程序	内切槽加工程序
内螺纹加工程序	

（3）气缸连接头右端内孔和外圆柱面加工程序（表 5–14）

表 5–14 气缸连接头右端内孔和外圆柱面程序

内孔加工程序	外圆柱面加工程序

续表

内孔加工程序	外圆柱面加工程序

（4）气缸连接头右端外切槽和螺纹加工程序（表 5-15）

表 5-15　气缸连接头右端外切槽和螺纹加工程序

外切槽加工程序	螺纹加工程序

学习活动 2　气缸连接头的数控车加工

学习目标

1. 能正确装夹工件，并对其进行找正。

2. 能根据零件图，选择符合加工要求的工具、量具、夹具及辅具。

3. 能正确选择本任务要用的切削液。

4. 能正确、规范地装夹刀具。

5. 能正确对刀，建立工件坐标系。

6. 能正确进行程序的编辑、输入、调试与优化。

7. 能在零件加工过程中，严格按照数控车床操作规程操作机床，维护车间操作环境，养成爱岗敬业、保证质量的职业品德。

8. 能规范使用螺纹环规、半径样板等量具在加工过程中进行适时测量，及时调整加工参数，保证零件精度。

9. 能解决加工过程中出现的常见报警和机床故障问题。

10. 能按车间现场“6S”管理规定和产品工艺流程的要求，正确放置工具、量具、刀具，整理现场，保养机床，并规范填写保养记录单。

建议学时：46 学时。

学习过程

一、加工准备

1．着装自检

根据生产车间着装管理规定，进行着装自检，满足进入车间生产的要求，对不合格的情况按要求进行记录。

2．选择工具、量具、刀具

填写表 5-16 工具、量具、刀具清单，并领取工具、量具、刀具。

表 5-16　　工具、量具、刀具清单

序号	名称	规格	数量	备注
1	90° 外圆车刀	MWLNR2020K08	2	
2	4 mm 外切槽刀	MGEHR2020-4	1	
3	95° 内孔车刀	S12M-SCLCR06	2	
4	3 mm 内切槽刀	SNGR16Q08	1	
5	55° 外螺纹车刀	SER2020K16	1	
6	60° 内螺纹车刀	SNR0012K11	1	
7	游标卡尺、千分尺	0 ~ 125 mm、0 ~ 25 mm、25 ~ 50 mm	各 1	
8	螺纹塞规、内孔塞规、螺纹环规、百分表及磁性表座	M22 × 1.5—7H、ϕ16 mm、$R_2$3/4-14、40 mm（0.01 mm）	各 1	
9	刀架扳手、卡盘扳手	/	各 1	

3．领取毛坯

领取毛坯，测量并记录所领毛坯的实际外形尺寸，并做好记录，判断毛坯是否有足够的加工余量及其外形是否满足加工条件。

4．根据加工对象及所用刀具，正确选择切削液，并简述切削液的作用。

冷却、润滑、防锈、排屑。

二、零件的数控车加工

1．开机准备

（1）启动机床。

（2）机床各轴回参考点。

（3）输入数控加工程序。

2．安装工件

本任务需要进行左、右端加工两次装夹。二次装夹时，要注意保护已加工表面，并用百分表进行找正。

3．装夹刀具

正确装夹刀具，确保刀具牢固可靠，并通过 MDI 操作设定主轴转速。

4．对刀及对刀检验

通过试切法设置工件坐标系原点并校验刀具的对刀误差。

5．程序校验

在表 5–17 中记录程序输入和校验时产生的报警号，并说明产生报警的原因及解决办法。

表 5–17 报警内容记录单

报警号	报警内容	报警原因	解决办法

6．自动加工

（1）左端轮廓自动加工

①根据设计的加工顺序，调入左端内、外轮廓的加工程序，转入自动加工模式，对工件进行试切加工，并在加工过程中密切观察加工状态，如有异常现象及时停机检查，分析并记录异常原因。

②左端轮廓依次进行粗、精加工，适时测量并调试加工参数，保证零件质量，在表 5-18 中记录调试数据。最终测量结果如有问题，试分析问题产生的原因。

表 5-18　　左端轮廓调试加工参数名称及数值

序号	调试前加工参数名称	数据值	调试后数据值

产生原因：

（2）掉头装夹，百分表找正，并保证零件总长。

（3）右端轮廓自动加工

①根据设计的加工顺序，调入右端内、外轮廓的加工程序，转入自动加工模式，对工件进行试切加工，并在加工过程中密切观察加工状态，如有异常现象及时停机检查，分析并记录异常原因。

②右端轮廓依次进行粗、精加工，适时测量并调试加工参数，保证零件质量，在表 5-19 中记录调试数据内容。最终测量结果如有问题，试分析问题产生的原因。

表 5-19　　右端轮廓调试加工参数名称及数值

序号	调试前加工参数名称	数据值	调试后数据值

产生原因：

（4）加工中注意观察刀具切削加工情况，在表 5-20 中记录加工中不合理的因素及出现的问题，以便于纠正，提高工作效率（如切削用量、刀具加工路线等是否合理，刀具是否有干涉等）。

表 5-20　　加工中遇到的问题

问题	分析原因	预防措施	改进方法

（5）加工完毕，综合检测零件加工尺寸是否符合图样要求。若合格，将工件卸下，进行下一件的加工；若不合格，分析报废的原因并提出改进措施。

（6）根据零件加工路径，估算零件加工时间（估算方法：总时间约为实际加工路径的总距离除以进给量，再加上装夹零件和刀具、编程、调整参数等辅助时间）是否满足生产时间要求，为后续批量生产或工艺修调做准备。

三、保养机床，清理场地

加工完毕，按照图样要求进行自检，正确放置零件，并进行产品交接确认；按照国家环保相关规定和车间要求整理现场，清扫切屑，保养机床，并正确处置废油液等废弃物；按车间规定填写设备日常保养记录卡（附表1）。

1. 车间机床的日常清理和保养内容有哪些？

每天做好各导轨面的清洁、润滑，有自动润滑系统的机床要定期检查、清洗自动润滑系统，检查油量，及时添加润滑油，检查油泵是否定时启动注油及停止。每天检查主轴箱自动润滑系统工作是否正常，定期更换主轴箱润滑油。注意检查电气柜中冷却风扇工作是否正常，风道过滤网有无堵塞，定期清洗风扇上附着的尘土。注意检查冷却系统，检查液面高度，及时添加油或水，油、水不干净时要更换。注意检查机床液压系统油箱油泵有无异常噪声，工作油面高度是否合适，压力表指示是否正常，管路及各接头有无泄漏。注意检查导轨、机床防护罩是否齐全有效。注意检查各运动部件的机械精度，减少运动部件形状和位置偏差。每天下班前做好机床清扫工作，清扫切屑，擦净导轨部位的切削液，防止导轨生锈。

2. 车间的场地清扫包含哪些方面？如何进行垃圾分类处理？

数控机床设备区域、电源箱、工具柜等每日清扫一次，保持现场环境无可见杂物，地面干净、无灰尘；设备切屑盘内无切屑和杂物，每日清理一次；工作台表面整洁；作业区域内无边角余料和杂物、废物，每日清理一次。

垃圾分为生活垃圾和废料垃圾。生活垃圾倒入常规垃圾箱，废料垃圾中的废品工件收入废料仓库；切屑倒入切屑废料箱内；废弃切削液等倒入专用废液桶中。

学习活动 3　气缸连接头的检验与加工质量分析

学习目标

1. 能根据零件图，合理选择检验量具。

2. 能规范、熟练地使用内孔塞规、螺纹塞规、半径样板等量具，对气缸连接头进行检测并判断加工质量。

3. 能根据零件尺寸的测量结果，分析误差产生的原因，优化加工方案。

4. 能按照生产车间管理要求，正确放置工具、量具。

建议学时：2 学时。

学习过程

一、明确测量要素，选取检测量具

1．判别图 5–5 所示为什么量具？可用来测量什么零件？如何测量？

图 5–5 所示为螺纹环规，可用来测量管螺纹、外螺纹。

使用方法：螺纹环规有三个面，“下”面是下限，“上”面是上限，“基”面是标准。首先，将零件轻轻旋入螺纹环规内，不可挤压，不允许有变形，当不能继续旋进螺纹时（没有产生变形），则螺纹已经旋到底了；然后检查零件螺纹与环规各面的相对位置，螺纹的位置必须在环规的上限面和下限面之间，可以和上限面相平但不可与下限面相平；最后用游标卡尺测量螺纹的有效长度，螺纹的有效长度需符合管螺纹参数要求。

图 5–5　量具

2．$R_2$3/4 管螺纹选用什么规格的量具进行测量？为什么？

选用 $R_2$3/4-14 螺纹环规和游标卡尺测量，$R_2$3/4-14 螺纹环规测量螺纹的基本参数，游标卡尺测量螺纹的有效长度。

3．根据零件需要测量的要素，填写表 5-21 中的检测内容及其所对应的量具。

表 5-21　　检测内容及其所对应的量具

序号	量具名称	量具规格（精度）	检测内容	备注
1	游标卡尺	0 ~ 125 mm（0.02 mm）	长度［2 mm、4 mm、14 $^{0}_{-0.018}$ mm、（58 ± 0.05）mm］、槽（4 mm × 2 mm）、外圆（ϕ26 $^{0}_{-0.021}$ mm）	
2	外径千分尺	0 ~ 25 mm、25 ~ 50 mm（0.01 mm）	外圆（ϕ38$^{0}_{-0.025}$ mm、ϕ21$^{0}_{-0.021}$ mm、ϕ30$^{0}_{-0.021}$ mm）	
3	内孔塞规	ϕ16 mm	内孔（ϕ16$^{+0.025}_{0}$ mm）	
4	螺纹环规	$R_2$3/4	管螺纹 $R_2$3/4	
5	螺纹塞规	M24 × 1.5—7H	M24 × 1.5—7H	
6	百分表及磁性表座	40 mm（0.01 mm）	同轴度	

二、检测气缸连接头零件，填写表 5-22

表 5-22　　气缸连接头零件检测表

工件编号		配分	项目与技术要求	评分标准	检测记录	得分
序号	名称					
1	主要尺寸（53 分）	4	ϕ21 $^{0}_{-0.021}$ mm	超差不得分		
2		4	ϕ26 $^{0}_{-0.021}$ mm	超差不得分		
3		4	ϕ30 $^{0}_{-0.021}$ mm	超差不得分		

续表

工件编号 序号	名称	配分	项目与技术要求	评分标准	检测记录	得分
4	主要尺寸（53分）	3	$\phi 38_{-0.025}^{0}$ mm	超差不得分		
5		3	$\phi 16_{0}^{+0.025}$ mm	超差不得分		
6		3	（58 ± 0.05）mm	超差不得分		
7		4	$20_{0}^{+0.021}$ mm	超差不得分		
8		4	$14_{-0.018}^{0}$ mm	超差不得分		
9		8	M22 × 1.5—7H	超差不得分		
10		8	$R_2 3/4$	超差不得分		
11		4	◎ ϕ0.025 A	超差不得分		
12		4	⊥ 0.02 A	超差不得分		
13	次要尺寸（18分）	1.5 × 2	4 mm（2 处）	超差不得分		
14		3 × 2	4 mm × 2 mm（2 处）	超差不得分		
15		3	ϕ23 mm	超差不得分		
16		3	33 mm	超差不得分		
17		1 × 3	*C*1 mm（2 处）、*C*1.5 mm（1 处）	超差不得分		
18	表面粗糙度（14分）	2 × 4	*Ra*1.6 μm（4 处）	降级不得分		
19		6	*Ra*3.2 μm（其余）	降级不得分		
20	主观评分（10分）	3.5	已加工零件倒角、倒圆、去毛刺是否符合图样要求			
21		3.5	已加工零件是否有划伤、碰伤和夹伤			
22		3	已加工零件与图样要求的一致性以及其余表面粗糙度			
23	更换毛坯（5分）	5	是否更换毛坯	是 / 否		
24	职业素养	扣分	能正确穿戴工作服、工作鞋、安全帽等劳动防护用品。每违反一项扣 2 分			
25			能按机床使用规范正确进行开关机、对刀等基本操作。每误操作一次扣 2 分			
26			能规范使用及保养工具、量具和辅具。每违规操作一次扣 2 分			
27			能做好设备清洁、保养工作。不清洁、不保养扣 3 分；保养不彻底扣 2 分			
总配分		100		总得分		

三、根据产品加工质量情况分析并提出工艺方案修改意见

对不合格项目进行分析、讨论，小组提出工艺方案修改意见，完成表 5–23 的填写。

表 5–23 加工质量分析表

不合格项目	工作任务项目	产生原因	预防及改进措施

四、常用量具保养

了解内孔塞规、螺纹塞规和半径样板等通用量具的清洗和保养规则，使用完后按要求保养、放置。

五、正确放置零件，并进行产品交接确认

学习活动 4　工作总结与评价

学习目标

1. 能按照气缸连接头加工综合评价表完成自评。

2. 能主动获取有效信息，团结协作，展示工作成果，对学习与工作进行反思总结，并能与他人开展良好合作，进行有效的沟通。

3. 能就本任务中出现的问题，提出改进措施。

4. 能结合自身任务完成情况，反思总结，正确、规范地撰写工作总结（心得体会）。

建议学时：4 学时。

学习过程

学习评价以学习目标为导向，围绕学习过程设计评价要点，依据多元评价理论，从不同角度关注学生综合职业能力和职业素质的养成。在教学过程中，学习评价由自我评价、小组评价和教师评价三部分综合构成，检验并提升学生的综合职业能力。最终学生成绩按如下公式进行计算：总评成绩 = 自我评价（40%）+ 小组评价（10%）+ 教师评价（50%）。

一、自我评价

学生通过自我评价发现自己存在的问题和不足，自我评价总分占学习评价的 40%（其中产品评价占 20%，自我评价占 20%）。

自我评价表见附表 2。

二、小组评价

小组评价由“组内工作过程考核互评”和“组间展示互评”两部分组成。“组内工作过程考核互评”让学生在评价别人和接受别人评价中发现问题、解决问题。“组间展示互评”把个人制作好的零件先进行分组展示，再由小组推荐代表做工作过程的介绍。在展示的过程中，以组为单位进行评价；评价完成后，根据其他组成员对本组展示的成果评价意见进行归纳总结。通过组内和组间互相考核，促进学生按规范认真完成工作任务，也使评价者在互评中完成知识学习和素质养成，小组评价总分占学习评价的 10%。

组内工作过程考核互评表见附表 3。

组间展示互评表见附表 4。

三、教师评价

教师评价的目的是提供有效的诊断和反馈，强化和改进教学的实施，对学生的学习过程进行评价。首先，教师对展示的作品分别做评价：一是找出各组的优点进行点评。二是对展示过程中各组的缺点进行点评，提出改进方法。三是对整个任务完成中出现的亮点和不足进行点评。其次，教师在教学过程中，根据学生的具体行为表现，按教师评价指标进行评价，教师评价总分占学习评价的 50%。

教师评价表见附表 5。

四、总结提升

1．通过五个任务的学习，应从哪几个方面汇报学习成果?

建议：教师引导学生从加工工艺、程序编制、所用刀具、加工技能及加工中问题的解决、质量检验分析、加工策略优化等方面汇报学习成果。

2．团队合作中，如何促进团队沟通合作，提高沟通效率?

建议：教师引导学生从语言表达能力、沟通技巧等方面来回答。

3．如何提高自我的专业职业素养?

建议：教师引导学生从专业技能和素养等方面来回答。

4．试结合自身任务完成情况，通过交流、讨论等方式较全面、规范地撰写本任务的工作总结（包含影响产品质量的因素、工艺顺序安排的依据和重要性、企业制订工作生产计划的理由等）。

工作总结（心得体会）

任务拓展

螺纹件的数控车加工

一、零件图

某企业接到一批螺纹件（图 5–6）加工订单，数量为 30 件。来料加工，材料为 45 钢，毛坯尺寸为 ϕ45 mm × 92 mm，交货期为 7 天。该零件由圆柱体、圆弧面、内孔、内外沟槽、内外螺纹组成，生产主管计划用数控车床进行加工。

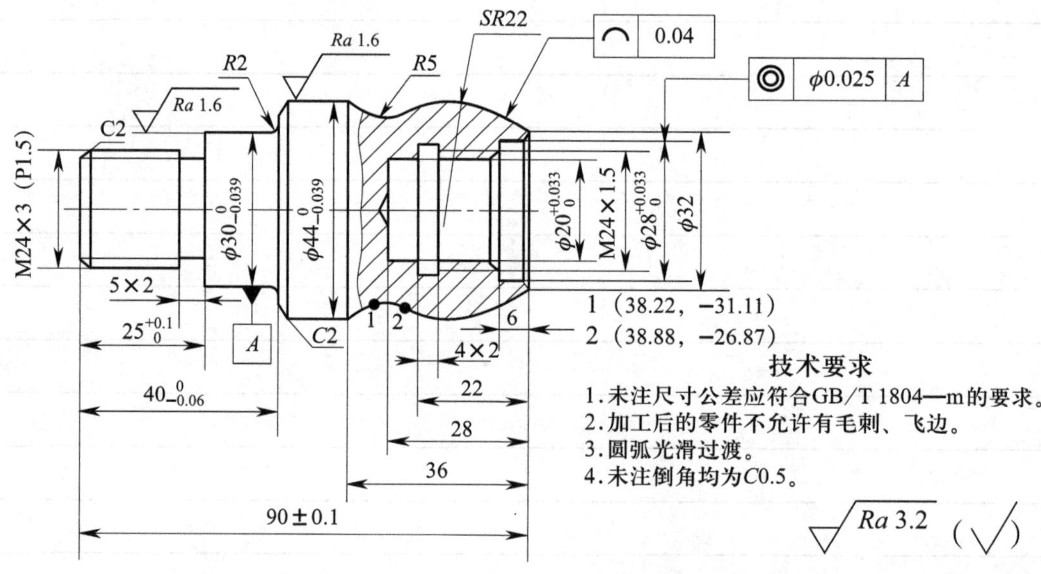

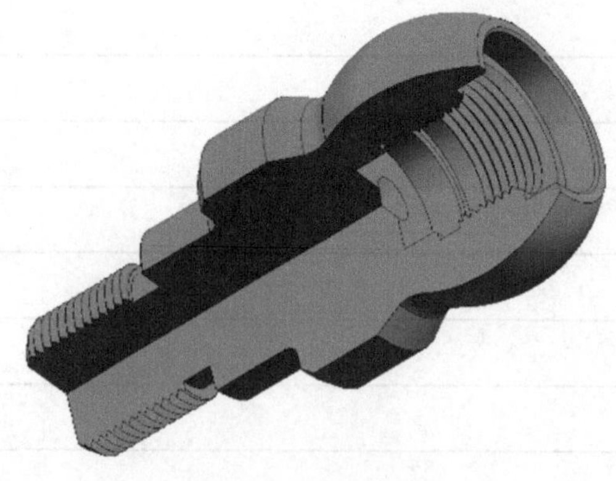

图 5–6　螺纹件

二、评分标准

按表 5–24 所示项目和技术要求检测螺纹件是否合格。

表 5–24 螺纹件检测表

工件编号 序号	名称	配分	项目与技术要求	评分标准	检测记录	得分
1	主要尺寸（43 分）	6	$\phi 30_{-0.039}^{0}$ mm	超差不得分		
2		6	$\phi 44_{-0.039}^{0}$ mm	超差不得分		
3		6	$\phi 20_{0}^{+0.033}$ mm	超差不得分		
4		6	$\phi 28_{0}^{+0.033}$ mm	超差不得分		
5		2	⌒ 0.04	超差不得分		
6		4	◎ ϕ0.025 A	超差不得分		
7		8	M24 × 3（P1.5）	超差不得分		
8		5	M24 × 1.5	超差不得分		
9	次要尺寸（30 分）	5	（90 ± 0.1）mm	超差不得分		
10		4	$40_{-0.06}^{0}$ mm	超差不得分		
11		4	$25_{0}^{+0.1}$ mm	超差不得分		
12		2 × 2	5 mm × 2 mm、4 mm × 2 mm（各 1 处）	超差不得分		
13		3	6 mm	超差不得分		
14		3	28 mm	超差不得分		
15		1 × 3	*R*2 mm、*R*5 mm、*SR*22 mm（各 1 处）	超差不得分		
16		2 × 2	*C*2 mm（2 处）	超差不得分		
17	表面粗糙度（12 分）	2 × 2	*Ra*1.6 μm（2 处）	降级不得分		
18		1 × 8	*Ra*3.2 μm（8 处）	降级不得分		
19	主观评分（10 分）	3.5	已加工零件倒角、倒圆、去毛刺是否符合图样要求			
20		3.5	已加工零件是否有划伤、碰伤和夹伤			
21		3	已加工零件与图样要求的一致性以及其余表面粗糙度			
22	更换毛坯（5 分）	5	是否更换毛坯	是 / 否		
23	职业素养	扣分	能正确穿戴工作服、工作鞋、安全帽等劳动防护用品。每违反一项扣 2 分			
24			能按机床使用规范正确进行开关机、对刀等基本操作。每误操作一次扣 2 分			
25			能规范使用及保养工具、量具和辅具。每违规操作一次扣 2 分			
26			能做好设备清洁、保养工作。不清洁、不保养扣 3 分；保养不彻底扣 2 分			
总配分		100	总得分			

世赛知识

世赛数控车项目在其他世赛项目和全国智能制造应用技术技能大赛维修电工项目中的应用

一、数控车在制造团队挑战赛项目中的应用

制造团队挑战赛项目是世界技能大赛中的竞赛项目。制造团队挑战赛（Manufacturing Team Challenge，MTC）是团队竞赛项目，该项目要求由具有项目管理、计算机辅助设计、编程、机械加工、焊接、电气/电子和装配方面的专业技术与技能人员组成。每支参赛队有3名选手，进行设备的设计、制造、组装与测试，可能是一次性的设备，也可能是成批生产的样机。

制造能力中要求选手了解机床、设备加工的安全措施，能够安全操作车床、铣床、钻床等常用设备；能够安全操作数控机床；能够手工修改刀具路径，优化数控编程代码；了解不同刀具、材料的加工参数；熟悉铝材、钢材、铜材、塑料等材料的加工。

世界技能大赛制造团队挑战赛项目比赛赛程为4天，前3天进行设备设计、制造、组装，累计比赛时间限定于21小时内，所用时间越短越好，第4天进行设备测试，累计比赛时间限定在7小时内，所有参赛队依次操作设备实现所有功能。

二、数控车项目在全国智能制造应用技术技能大赛维修电工项目中的应用

维修电工（切削加工智能制造单元生产与管控）项目是第三届全国智能制造应用技术技能大赛的竞赛项目，该项目的参赛队伍要求由具有数字化设计与制造、数控机床装调与维修、自动化生产线安装与调试、工业机器人操作与维护方面专业技术与技能的人员组成。每支参赛队有3名选手，进行智能制造生产线系统架构的设计、仿真模拟、零件数字化设计与编程、机器人编程、智能制造控制系统设备联调和零件智能加工与生产管控，可以是单件零件的智能生产线加工管控，也可以是装配零件的车铣混合加工智能生产管控。

制造能力中要求选手了解机床、设备加工的安全措施，能够安全操作车床、铣床等常用设备；能够应用绘图软件，进行零件三维建模与装配体构建、产品加工工艺设计、零件生产过程质量控制、零件加工工艺、零件程序编制，熟悉铝材、钢材、铜材、塑料等材料的加工，并将程序文件保存在制造企业生产过程制造执行系统（Manufacturing Execution System，MES）指定的文件中。

附　录

附表 1

设备日常保养记录卡

设备名称：　　　　设备编号：　　　　使用部门：　　　　保养年月：　　　　存档编码：

日期 保养内容	1	2	3	4	5	6	7	8	9	10	11	12	13	14	15	16	17	18	19	20	21	22	23	24	25	26	27	28	29	30	31
环境卫生																															
机身整洁																															
加油润滑																															
工具整齐																															
电器损坏																															
机械损坏																															
保养人																															
机械异常备注																															

审核人：　　　　　　　　　　　　　　　　年　　月　　日

注：保养后，用“√”表示日保；“△”表示周保；“○”表示月保；“Y”表示一级保养；“×”表示有损坏或异常现象，应在“机械异常备注”栏予以记录。

附表 2

学生自我评价表

班级：________ 学生姓名：________ 学号：________

评价项目	评价内容	评价标准			评价得分
		偶尔	经常	完全	
知识技能	能独立捕捉任务信息，明确工作任务与要求，制订工作计划	0 ~ 2	3 ~ 4	5 ~ 7	
	能认真听讲，根据任务要求，合理选择指令，编辑加工程序并校验	0 ~ 2	3 ~ 4	5 ~ 7	
	能主动参与角色分工，尽心尽责全程参与工作任务	0 ~ 2	3 ~ 4	5 ~ 7	
	观看微课、课件和教师示范操作，能进行刀具、工件的正确装夹并对刀	0 ~ 2	3 ~ 4	5 ~ 7	
	能规范、有序进行产品零件的加工	0 ~ 4	5 ~ 7	8 ~ 10	
	能够通过小组协作，选用合适的量具，对产品进行测量	0 ~ 2	3 ~ 4	5 ~ 7	
职业素质	能按时出勤，实习着装规范。遵守课堂学习纪律，不做与学习任务无关的事情	0 ~ 2	3 ~ 4	5 ~ 7	
	生产操作中，能善于发现并勇于指出操作员的不规范操作	0 ~ 2	3 ~ 4	5 ~ 7	
	能主动分析、思考问题，积极发表对问题的看法，提出建议，解决问题	0 ~ 4	5 ~ 7	8 ~ 10	
	能主动参与并服从团队安排，互助协作，分享并倾听意见，反思总结，完善自我	0 ~ 2	3 ~ 4	5 ~ 7	
	能保持认真细致、精益求精的工作态度	0 ~ 4	5 ~ 7	8 ~ 10	
	能积极参与汇报工作（汇报员需表述清晰、专业术语准确，非汇报员协作整合汇报资料和方案）	0 ~ 2	3 ~ 4	5 ~ 7	
	遵守实训车间环境卫生要求	0 ~ 2	3 ~ 4	5 ~ 7	
	任务总体表现（总评分）				

附表 3

组内工作过程考核互评表

学习任务名称	班级	姓名	学号

序号	评价内容	评价标准			得分
		偶尔	经常	完全	
1	能主动完成教师布置的任务和作业	0 ~ 4	5 ~ 7	8 ~ 10	
2	能认真听教师讲课，听同学发言	0 ~ 4	5 ~ 7	8 ~ 10	
3	能积极参与讨论，与他人良好合作	0 ~ 4	5 ~ 7	8 ~ 10	
4	能独立查阅资料，观看微课，形成意见文本	0 ~ 4	5 ~ 7	8 ~ 10	
5	能积极地就疑难问题向同学和教师请教	0 ~ 4	5 ~ 7	8 ~ 10	
6	能积极参与合作分工，并指出同学在操作中的不规范行为	0 ~ 4	5 ~ 7	8 ~ 10	
7	能规范操作数控机床进行产品加工	0 ~ 4	5 ~ 7	8 ~ 10	
8	能正确测量后耐心细致地调试加工参数，保证产品质量	0 ~ 4	5 ~ 7	8 ~ 10	
9	能按车间管理要求，规范摆放工具、量具、刀具，整理及清扫现场	0 ~ 4	5 ~ 7	8 ~ 10	
10	能认真总结并反思产品加工任务实施中出现的问题	0 ~ 4	5 ~ 7	8 ~ 10	
	任务总体表现（总评分）				

附表 4

组间展示互评表

学习任务名称	班级	组名	汇报人

序号	评价内容	评价程度			评价标准			得分
					偶尔	经常	完全	
1	展示的零件是否符合技术标准	不准确□	一般□	很好□	0 ~ 4	5 ~ 7	8 ~ 10	
2	小组介绍成果表达是否清晰	不清晰□	一般，常补充□	很好□	0 ~ 4	5 ~ 7	8 ~ 10	
3	小组介绍的加工方法操作是否正确	不正确□	部分正确□	正确□	0 ~ 4	5 ~ 7	8 ~ 10	
4	小组汇报成果表述是否逻辑正确	不正确□	部分正确□	正确□	0 ~ 4	5 ~ 7	8 ~ 10	
5	小组汇报成果专业术语是否表达正确	不正确□	部分正确□	正确□	0 ~ 4	5 ~ 7	8 ~ 10	
6	小组组员和汇报人解答他组提问是否正确	不正确□	部分正确□	正确□	0 ~ 4	5 ~ 7	8 ~ 10	
7	汇报或模拟加工过程操作是否规范	不规范□	部分规范□	规范□	0 ~ 4	5 ~ 7	8 ~ 10	
8	小组的检测量具、量仪保养完好吗	不合要求□	一般□	良好□	0 ~ 4	5 ~ 7	8 ~ 10	
9	小组成员团队创新精神如何	不足□	一般□	良好□	0 ~ 4	5 ~ 7	8 ~ 10	
10	小组汇报展示的方式是否新颖（利用多媒体等手段）	一般□	良好□	新颖□	0 ~ 4	5 ~ 7	8 ~ 10	
任务总体表现（总评分）								
小组汇报中有哪些问题和建议								

附表 5

教师评价表

班级：________ 学生姓名：________ 学号：________

评价项目	评价标准	教师评价（占总评 50%）			评价得分
		偶尔 0 ~ 4	经常 5 ~ 7	完全 8 ~ 10	
能否承担职责	能主动参与角色分工扮演，尽心尽责全程参与工作任务				
能否服从管理	能时刻服从组长和教师工作安排，积极完成工作				
能否独立思考	能独立发现问题，积极发表对问题的看法，思考问题，提出建议，解决问题				
能否团结互助	能主动交流协作，完成产品的工艺设计				
能有规范意识	能按照车间操作规范进行操作，遵守使用要求，正确开关设备，维持场地环境整洁				
能否严谨踏实	能小组协作，认真、细致地按照自动加工流程完成产品加工				
能否勇于表达	能在加工操作中，善于发现并勇于指出操作员的不规范操作，并积极汇报				
能有质量意识	能对产品质量精益求精，达到最好产品加工结果（刀补调试参数和切削参数是否最优，以零件表面粗糙度和尺寸精度为准）				
能否反思总结	能反思总结影响产品质量的因素				
能否自律自控	能控制自己，积极协作，全程参与工作过程				
总体意见					
任务总体表现（总评分）					

附表 6　　齿轮箱定位台阶轴的数控车加工学习任务设计方案

专业名称	数控加工（数控车工）	一体化课程名称	简单零件数控车床加工
学习任务	齿轮箱定位台阶轴的数控车加工	学时	42
工作情境描述	某企业接到一批齿轮箱定位台阶轴零件（图 1–1）加工订单，数量为 30 件。来料加工，材料为 45 钢，毛坯尺寸为 ϕ35 mm×60 mm，交货期为 7 天。该零件由圆柱体组成，生产主管计划用数控车床进行加工		
学习任务描述	学生从教师处领取齿轮箱定位台阶轴的加工任务后，在教师指导下，识读齿轮箱定位台阶轴零件图，明确加工技术要求，学习齿轮箱定位台阶轴数控车加工的车床基本操作知识和技能、编程加工指令，进行加工工艺的安排、零件加工和加工质量分析，并在规定时间内完成加工任务，提交合格产品		
与其他学习任务的关系	该学习任务是简单零件数控车床加工一体化课程的第一个任务，学习此任务是为下一步学习任务打下基础		
学生基础	具有基本的识图能力，能刃磨外圆车刀和端面车刀，能正确使用常用量具，能规范操作数控车床，具备一定的工艺基础知识和安全文明生产意识		
学习目标	1. 能了解数控车间与工作区的范围和限制，理解企业对环境、安全、卫生和事故预防的标准 2. 能检查工作区、设备、工具、材料的状况和功能 3. 能按照数控加工车间安全防护规定，正确穿戴劳动防护用品，严格执行安全操作规程 4. 能根据加工任务书，通过小组讨论，明确工作任务和要求，共同制订合理的工作计划 5. 能借助技术手册，查阅零件毛坯的材料牌号、几何公差和切削用量等知识，理解技术手册在生产中的重要性 6. 能根据任务书、零件图加工要求，通过查阅数控加工工艺学，分析并制定零件的数控加工工艺，完成加工工序卡的填写，并理解产品加工工艺在生产中的重要性 7. 能合理选择编程指令，完成齿轮箱定位台阶轴加工程序的编制 8. 能独立操作数控车床，完成齿轮箱定位台阶轴的加工，并解决在此过程中出现的简单报警和加工问题 9. 能规范、熟练地使用游标卡尺、千分尺等通用量具，对齿轮箱定位台阶轴进行检测并判断加工质量，分析误差原因，优化加工策略 10. 能在作业过程中严格执行企业操作规范、安全生产制度、环保管理制度以及“6S”管理规定，严格遵守从业人员的职业道德，树立吃苦耐劳、爱岗敬业的工作态度，精益求精的质量管控意识和职业责任感 11. 能按车间现场“6S”管理规定和产品工艺流程的要求，整理现场，正确放置工具、产品，对机床、工具进行维护保养，并规范填写保养记录表 12. 能与班组长、工具管理员等相关人员进行有效的沟通与合作，理解有效沟通和团队合作的重要性 13. 能积极主动汇报工作成果，对学习工作过程中出现的问题进行反思总结，优化方案和策略，具备知识迁移能力		
学习内容	1. 认识数控车床 2. 数控车床的基本操作（开关机、程序编辑、装夹刀具、对刀等） 3. 数控车刀的整理及保养要求 4. 数控车床的日常维护与保养 5. 齿轮箱定位台阶轴车削加工指令（初始化指令、直线插补指令、单一固定循环指令等） 6. 生产任务单 7. 零件图、加工工序卡（工艺路线、加工顺序、加工方法、刀具的选择、切削用量等） 8. 齿轮箱定位台阶轴的自动加工操作 9. 齿轮箱定位台阶轴加工中出现的简单报警及控制尺寸误差的方法 10. 常用量具的使用与保养方法		

续表

学习内容	11．齿轮箱定位台阶轴的检验及加工质量分析 12．“6S”管理规定和设备保养记录卡 13．信息收集方法、沟通技巧和语言表达能力
教学条件	1．教学场地：多媒体教室、实训车间、检验室 2．设备：CKD6140 型车床、多媒体教学设备等 3．辅具：卡盘钥匙、刀架钥匙、垫刀片、切屑钩、毛刷、铜锤、铜皮等 4．量具：游标卡尺、千分尺、杠杆百分表 5．刀具：90° 外圆车刀 6．劳动防护用品：护目镜、工作服、工作帽等 7．资料：齿轮箱定位台阶轴的数控车加工工作页、生产任务单、零件图、刀具卡、加工工序卡、质量检测表、设备保养记录卡、安全操作规程、机械手册等 8．材料：毛坯（45 钢）
教学组织形式	1．教师组织学生穿好工作服，戴好工作帽，并在指定地点集合，进行必要的安全教育后，开展下一步的教学工作 2．教师引导学生学习本次学习任务涉及的安全操作规程及各项规章制度，分小组发放齿轮箱定位台阶轴生产任务单、零件图、齿轮箱定位台阶轴数控车加工工作页 3．各小组进一步熟悉数控车加工实训车间并完成组内分工 4．教师引导学生领取工具、量具、刀具、毛坯和机械手册等资料 5．教师提供学习资料，采用现场示范操作、实物展示等形式，引导学生学习数控车床的基本操作知识和技能 6．教师指导学生识读齿轮箱定位台阶轴零件图，帮助学生分析加工工艺并编程，组织学生制订齿轮箱定位台阶轴加工任务的工作计划 7．学生按齿轮箱定位台阶轴零件图要求，以小组为单位完成齿轮箱定位台阶轴的加工任务，教师巡回指导 8．教师组织学生以小组为单位对加工任务产品进行质量检验 9．教师组织学生以小组或个人形式，通过加工过程 PPT 汇报、齿轮箱定位台阶轴加工质量对比等形式，向全班展示、汇报学习成果并评价学习效果，完成评价表及齿轮箱定位台阶轴工作页的填写 10．学生按车间管理规定，规范整理工作场地，归还工具、量具等
教学流程与活动	1．数控车床基本操作（12 学时） 2．齿轮箱定位台阶轴车削加工指令（4 学时） 3．齿轮箱定位台阶轴的工艺分析与编程（4 学时） 4．齿轮箱定位台阶轴的数控车加工（16 学时） 5．齿轮箱定位台阶轴的检验与加工质量分析（2 学时） 6．工作总结与评价（4 学时）
评价内容与标准	1．车削操作的安全性和规范性 2．45 钢的切削加工性能及用途 3．回转类零件的用途 4．齿轮箱定位台阶轴加工工艺的制定 5．齿轮箱定位台阶轴自动加工操作 6．齿轮箱定位台阶轴零件的加工质量检测 7．数控车床的日常维护、保养及车间清理 8．加工质量分析表 9．齿轮箱定位台阶轴零件检测表 10．工作计划完成情况、团队沟通与合作、问题的分析与解决、语言表达能力、总结能力等

附表 7　齿轮箱定位台阶轴的数控车加工教学活动策划表

教学活动	关键能力	学生学习活动	教师活动	学习内容	资源	评价点	学时	地点
学习活动1：数控车床基本操作	资料查阅能力、协调能力、安全意识、统筹规划能力、操作规范性	1. 接受生产任务并领取工作页 2. 划分学习小组 3. 学习安全操作规程，参观数控实训车间 4. 观看视频和教师演示操作，练习数控车床基本操作（机床开、关机和对刀等） 5. 按要求保养并整理数控工具、量具、刀具等 6. 了解数控车床的日常维护与保养要求 7. 工作页的填写	1. 展示齿轮箱定位台阶轴零件实物 2. 组织学生分组 3. 讲解安全操作规程 4. 组织学生参观数控实训车间，布置与数控车床基本操作相关的信息收集任务 5. 示范数控车床基本操作 6. 布置数控工具、量具、刀具等的保养和整理任务 7. 帮助学生掌握数控车床日常维护与保养的要点	1. 生产任务单 2. 数控车间安全操作规程 3. 数控车床基本操作 4. 数控工具、量具、刀具等的保养及整理要求 5. 数控车床的日常维护与保养	1. 生产任务单 2. 数控车间安全操作规程 3. 数控车床基本操作视频 4. 技术手册等相关资料 5. 工作页	1. 信息收集 2. 专业术语的使用 3. 车间实习纪律（劳动防护用品的穿戴、操作规范性等） 4. 工作页完成情况 5. 数控工具、量具、刀具的保养及整理 6. 数控车床的日常维护与保养	12	多媒体教室、实训车间
学习活动2：齿轮箱定位台阶轴车削加工指令	资料查阅能力、自学能力、分析能力	1. 观看学习课件，自学齿轮箱定位台阶轴车削加工指令 2. 工作页的填写	1. 发放学习课件，布置与车削加工指令相关的信息收集任务 2. 讲解工作页中的编程例题	齿轮箱定位台阶轴车削加工指令	1. 相关书籍、资料 2. 学习课件 3. 工作页	1. 工作页完成情况 2. 小组学习成果	4	多媒体教室

续表

教学活动	关键能力	学生学习活动	教师活动	学习内容	资源	评价点	学时	地点
学习活动3：齿轮箱定位台阶轴的工艺分析与编程	资料查阅能力、分析能力、团队合作能力、沟通能力、表达能力	1. 齿轮箱定位台阶轴的工艺分析与编程 2. 以小组为单位展示学习成果 3. 工作页的填写	1. 布置相关信息收集任务 2. 组织学生进行齿轮箱定位台阶轴的加工工艺分析（如精度要求、装夹方式、加工顺序和方法、刀具的选择等）并编制加工程序 3. 点评小组学习成果的汇报情况	1. 生产任务单 2. 零件图、加工工序卡 3. 45钢的切削性能及用途 4. 回转类零件的用途 5. 齿轮箱定位台阶轴的加工工艺分析 6. 齿轮箱定位台阶轴的车削加工指令	1. 零件图、加工工序卡 2. 机械手册等相关资料 3. 工作页	1. 信息收集 2. 专业术语的使用 3. 尺寸公差和几何公差的理解 4. 加工工序卡的制定 5. 工作页完成情况 6. 学习成果汇报情况	4	多媒体教室
学习活动4：齿轮箱定位台阶轴的数控车加工	规范操作能力、安全意识、质量管控意识、分析能力、沟通能力、团队合作能力	1. 观看视频和教师演示操作 2. 从指定地点领取毛坯、工具、量具、刀具，检查毛坯是否合格 3. 分组进行齿轮箱定位台阶轴的单件试切加工 4. 单件试切检测合格后，角色互换，在规定时间内完成剩余批量的加工 5. 工作页的填写 6. 保养机床，清理场地	1. 模拟仿真软件演示齿轮箱定位台阶轴加工过程 2. 发放齿轮箱定位台阶轴毛坯及相应工具、量具、刀具 3. 指导学生加工 4. 检查、督促学生做好机床设备的日常维护及保养、车间现场的整理及清扫工作	1. 数控车加工操作步骤 2. 机床的规范操作	1. 零件图、加工工序卡 2. 工具、量具、刀具等 3. 安全操作规程、机械手册等相关资料 4. CKD6140型车床 5. 工作页	1. 机床操作规范性 2. 加工过程中分析、解决问题的及时性和合理性 3. 齿轮箱定位台阶轴的加工质量 4. 任务完成效率 5. 工作页完成情况 6. 数控车床的日常维护及保养、车间现场的整理及清扫	16	多媒体教室、实训车间

续表

教学活动	关键能力	学生学习活动	教师活动	学习内容	资源	评价点	学时	地点
学习活动5：齿轮箱定位台阶轴的检验与加工质量分析	问题分析能力	1. 掌握几何精度（同轴度、圆跳动等）的检测方法 2. 零件加工精度检测 3. 小组讨论不合格项目产生的原因并提出改进措施 4. 保养量具 5. 工作页的填写	1. 准备游标卡尺、外径千分尺、百分表等工具、量具 2. 讲解几何精度（同轴度、圆跳动等）的检测方法 3. 组织各小组进行零件精度检测并分析误差产生原因 4. 讲解常用量具（游标卡尺、千分尺、百分表等）的保养方法	1. 几何精度（同轴度、圆跳动）的检测方法 2. 零件车削加工误差的产生原因及预防措施 3. 常用量具（游标卡尺、千分尺、百分表等）的保养方法	1. 零件检测表 2. 加工质量分析表 3. 工作页	1. 零件加工精度检测方法 2. 零件的加工质量 3. 工作页完成情况	2	检验室
学习活动6：工作总结与评价	表达能力	1. 小组展示工作成果 2. 自我评价 3. 小组评价 4. 工作总结 5. 工作页的填写	1. 教师组织学生进行自我评价和小组评价 2. 评价工作过程 3. 组织学生撰写工作总结	1. 汇报展示的注意事项 2. 团队协作的注意事项及有效沟通方法 3. 工作总结	1. 学习评价表 2. 工作页 3. 齿轮箱定位台阶轴零件	1. 工作目标 2. 工作过程 3. 工作结果 4. 加工方法 5. 问题分析 6. 改进措施 7. 工作页完成情况 8. 汇报时的专业用语和仪容仪态	4	多媒体教室

附表 8　　手柄的数控车加工学习任务设计方案

专业名称	数控加工（数控车工）	一体化课程名称	简单零件数控车床加工
学习任务	手柄的数控车加工	学时	42
工作情境描述	某企业接到一批手柄（图 2–1）加工订单，数量为 30 件。来料加工（定位小孔已加工好），材料为 45 钢，毛坯尺寸为 ϕ35 mm × 95 mm，交货期为 6 天。该零件由特型面握柄、定位孔和圆柱体三部分组成，生产主管计划用数控车床进行加工		
学习任务描述	学生从教师处领取手柄的加工任务后，在教师指导下，识读手柄零件图，明确加工技术要求，学习手柄数控车加工的编程加工指令，进行加工工艺的安排、零件加工和加工质量分析，并在规定时间内完成加工任务，提交合格产品		
与其他学习任务的关系	该学习任务是简单零件数控车床加工一体化课程的第二个任务，学习此任务能巩固学习任务一的知识与技能，同时为下一个学习任务的完成打下基础		
学生基础	具有基本的识图能力，能安排加工工艺和编制加工工序卡，能进行手柄零件的编程，能规范操作和保养数控车床，能正确使用和保养常用量具，具备一定的工艺基础知识和安全文明生产意识		
学习目标	1. 能了解数控车间与工作区的范围和限制，理解企业对生产车间环境、安全、卫生、生产和事故的预防标准 2. 能根据加工任务书，通过小组讨论，明确工作任务和要求，共同制订合理的工作计划 3. 能借助技术手册，查阅任务零件尺寸精度要求等知识，读懂零件图，写出其尺寸、表面粗糙度、公差、材料等信息，指出各信息的意义 4. 能根据任务书、零件图加工要求，通过查阅数控加工工艺学，分析并制定零件的数控加工工艺，完成加工工序卡的填写 5. 能合理选择编程指令，完成手柄加工程序的编制 6. 能独立操作数控车床，完成手柄的加工，并解决在此过程中出现的简单报警和加工精度问题 7. 能规范、熟练地使用半径样板、检测样板等通用量具，对手柄进行检测并判断加工质量，分析误差原因，优化加工策略 8. 能按车间现场“6S”管理规定和产品工艺流程的要求，整理现场，正确放置工具、产品，对机床、工具进行维护保养，并规范填写保养记录表 9. 能与班组长、工具管理员等相关人员进行有效的合作与沟通，理解有效沟通和团队合作的重要性 10. 能积极主动汇报工作成果，对学习工作过程中出现的问题进行反思总结，优化方案和策略，具备知识迁移能力		
学习内容	1. 生产任务单 2. 零件图、加工工序卡（工艺路线、加工顺序、加工方法、刀具的选择、切削用量等） 3. 手柄车削加工指令（圆弧插补指令、内外圆复合粗车固定循环指令） 4. 手柄的自动加工操作（开关机、装夹工件和刀具、对刀等）		

续表

学习内容	5．手柄加工中出现的简单报警及刀具补正以控制尺寸精度的方法 6．半径样板、圆弧样板的使用及保养方法 7．手柄的检验及加工质量分析 8．“6S”管理规定和设备保养记录卡 9．反思总结和知识迁移能力
教学条件	1．教学场地：多媒体教室、实训车间、检验室 2．设备：CKD6140 型车床、多媒体教学设备等 3．辅具：卡盘钥匙、刀架钥匙、垫刀片、切屑钩、毛刷、铜锤、铜皮等 4．量具：游标卡尺、千分尺、圆弧样板等 5．刀具：93° 外圆菱形车刀 6．劳动防护用品：护目镜、工作服、工作帽等 7．资料：手柄的数控车加工工作页、生产任务单、零件图、刀具卡、加工工序卡、质量检测表、设备保养记录卡、安全操作规程、机械手册等 8．材料：毛坯（45 钢）、切削液等
教学组织形式	1．教师分小组发放手柄生产任务单、零件图、手柄的数控车加工工作页，引导学生识读手柄零件图、安排加工工艺和编制零件加工程序，组织学生制订工作进度计划 2．教师组织学生穿好工作服，戴好工作帽，并在指定地点集合，组织学生领取工具、量具、刀具、毛坯和机械手册等资料 3．学生按手柄零件图要求，以小组为单位完成手柄的加工任务，教师巡回指导 4．教师组织学生以小组为单位对加工任务产品进行质量检验 5．教师组织学生以小组或个人形式，通过加工过程 PPT 汇报、手柄加工质量对比等形式，向全班展示、汇报学习成果并评价学习效果，完成评价表及手柄工作页的填写 6．学生按车间管理规定，规范整理工作场地，归还工具、量具等
教学流程与活动	1．手柄的工艺分析与编程（6 学时） 2．手柄的数控车加工（30 学时） 3．手柄的检验与加工质量分析（2 学时） 4．工作总结与评价（4 学时）
评价内容与标准	1．车床摇把手柄的用途 2．工作进度计划制订的合理性 3．手柄加工工艺的制定 4．手柄数控车自动加工操作 5．手柄零件的加工精度检测 6．数控车床的日常维护、保养及车间清理 7．加工质量分析表 8．手柄零件检测表 9．工作计划完成情况、团队沟通与合作、问题的分析与解决、语言表达能力、总结能力等

附表 9

手柄的数控车加工教学活动策划表

教学活动	关键能力	学生学习活动	教师活动	学习内容	资源	评价点	学时	地点
学习活动1：手柄的工艺分析与编程	资料查阅能力、分析能力、团队合作能力、沟通能力、表达能力、知识迁移能力	1. 接受生产任务并领取工作页 2. 小组讨论、分析手柄的加工工艺，编制数控加工工序卡 3. 观看视频，熟悉手柄车削加工指令 4. 编制手柄加工程序 5. 以小组为单位汇报、展示学习成果 6. 工作页的填写	1. 布置相关信息收集任务 2. 组织学生进行手柄的加工工艺分析（如精度要求、装夹方式、加工顺序和方法、刀具的选择等） 3. 帮助学生理解手柄车削加工指令，解答学生的问题 4. 对小组学习成果的汇报进行点评	1. 生产任务单 2. 零件图、加工工序卡 3. 车床摇把手柄的用途 4. 手柄的加工工艺分析 5. 手柄车削加工指令（G02、G03、G73）	1. 生产任务单、 2. 零件图、加工工序卡 3. 机械手册等相关资料 4. 学习课件 5. 工作页	1. 信息收集 2. 专业术语的使用 3. 尺寸公差和几何公差的理解 4. 加工工序卡的制定 5. 小组学习效率 6. 知识迁移能力 7. 工作页完成情况 8. 学习成果汇报情况	6	多媒体教室
学习活动2：手柄的数控车加工	规范操作能力、安全意识、质量管控意识、分析能力、沟通能力、团队合作能力	1. 从指定地点领取毛坯、工具、量具、刀具，检查毛坯是否合格 2. 分组进行手柄的单件试切加工 3. 单件试切检测合格后，角色互换，在规定时间内完成剩余批量的加工 4. 工作页的填写 5. 保养机床，清理场地	1. 发放手柄毛坯及相应工具、量具、刀具 2. 指导学生加工 3. 检查、督促学生做好机床设备的日常维护及保养、车间现场的整理及清扫工作	1. 自动加工操作 2. 控制零件尺寸精度的方法	1. 生产任务单、零件图 2. 安全操作规程、机械手册等相关资料 3. 加工工序卡 4. 工具、量具、刀具等 5. CKD6140 型车床 6. 工作页	1. 正确穿戴劳动防护用品、机床操作规范性 2. 加工过程中分析、解决问题的及时性和合理性 3. 手柄的加工质量 4. 任务完成效率 5. 工作页完成情况 6. 车间刀具、工具、量具整理的合格程度 7. 数控车床的日常维护及保养、车间现场的整理及清扫	30	实训车间

续表

教学活动	关键能力	学生学习活动	教师活动	学习内容	资源	评价点	学时	地点
学习活动3：手柄的检验与加工质量分析	信息查阅能力、问题分析能力	1. 了解圆弧样板的检测方法 2. 零件加工精度检测 3. 小组讨论不合格项目产生的原因并提出改进措施 4. 保养量具 5. 工作页的填写	1. 准备游标卡尺、外径千分尺、圆弧样板等工具、量具 2. 组织学生查阅圆弧样板的检测及保养方法 3. 组织各小组进行零件精度检测并分析误差产生原因 4. 讲解半径样板、圆弧样板的保养方法	1. 使用半径样板、圆弧样板检测的方法 2. 零件车削加工误差的产生原因及预防措施 3. 半径样板、圆弧样板的保养方法	1. 零件检测表 2. 加工质量分析表 3. 工作页	1. 信息收集 2. 零件加工精度检测方法 3. 零件的加工质量 4. 工作页完成情况	2	检验室
学习活动4：工作总结与评价	总结反思、表达能力	1. 小组展示工作成果 2. 自我评价 3. 小组评价 4. 工作总结 5. 工作页的填写	1. 教师组织学生进行自我评价和小组评价 2. 评价工作过程 3. 组织学生撰写工作总结	1. 切削液的应用与处理 2. 合理安排加工顺序对产品的重要性 3. 正确查阅资料的作用 4. 团队沟通技巧及客观评价的重要性 5. 工作总结	1. 学习评价表 2. 工作页 3. 手柄零件	1. 工作目标 2. 工作过程 3. 工作结果 4. 加工方法 5. 问题分析 6. 改进措施 7. 工作页完成情况 8. 汇报时的专业用语和仪容仪态	4	多媒体教室

附表 10　　带轮的数控车加工学习任务设计方案

专业名称	数控加工（数控车工）	一体化课程名称	简单零件数控车床加工
学习任务	带轮的数控车加工	学时	48
工作情境描述	某企业接到一批带轮（图 3–1）的加工订单，数量为 30 件。来料加工，材料为 45 钢，毛坯尺寸为 ϕ85 mm × 80 mm，交货期为 7 天。带轮属于盘类零件，由两个 V 形槽、内孔键槽（不在数控车床上加工）和圆柱体组成，生产主管计划用数控车床进行加工		
学习任务描述	学生从教师处领取带轮的加工任务后，在教师指导下，识读带轮零件图，明确加工技术要求，学习带轮数控车加工的编程加工指令，进行加工工艺的安排、零件加工和加工质量分析，并在规定时间内完成加工任务，提交合格产品		
与其他学习任务的关系	该学习任务是简单零件数控车床加工一体化课程的第三个任务，学习此任务能巩固前面学习任务的知识技能，同时为下一个学习任务的完成打下基础		
学生基础	在完成齿轮箱定位台阶轴的数控车加工和手柄的数控车加工两个学习任务的基础上，具有台阶轴或圆弧面轮廓零件的加工工艺分析与程序编制能力，能规范操作和保养数控车床，能正确使用和保养常用量具，具备一定的工艺基础知识、质量管控意识和安全文明生产意识		
学习目标	1. 能了解数控车间与工作区的范围和限制，理解企业对生产车间环境、安全、卫生、生产和事故的预防标准 2. 能根据加工任务书，通过小组讨论，明确工作任务和要求，共同制订合理的工作计划 3. 能根据任务书、零件图加工要求，通过查阅学习资料，确定加工基准，分析并制定数控加工工艺，完成加工工序卡的填写 4. 能合理选择编程指令，完成带轮加工程序的编制 5. 能按照数控加工车间安全防护规定，正确穿戴劳动防护用品，严格执行安全操作规程 6. 能独立操作数控车床，完成带轮的加工，并解决在此过程中出现的简单报警和加工精度问题 7. 能合理选择量具，规范、熟练地使用塞规、百分表等通用量具在加工过程中适时测量，并调整尺寸加工参数，保证零件精度 8. 能按照零件精度要求，检验零件是否达到工艺要求并判断加工质量，分析误差原因，提出修改意见 9. 能在作业过程中严格执行企业操作规范、安全生产制度、环保管理制度以及“6S”管理规定，严格遵守从业人员的职业道德，树立思考钻研、精益求精的工作态度和质量管控意识 10. 能按车间现场“6S”管理规定和产品工艺流程的要求，正确放置工具、产品，对机床、工具进行维护保养，并规范填写保养记录表 11. 能积极收集学习工作过程中的资料信息，团结协作，利用多媒体设备和专业术语展示学习成果 12. 能尊重别人，认真倾听他人想法，总结反思，不断优化方案策略，并灵活运用，举一反三		

续表

学习内容	1. 生产任务单 2. 零件图、加工工序卡（工艺路线、加工顺序、加工方法、刀具的选择、切削用量等） 3. 带轮车削加工指令（切槽循环指令） 4. 带轮的自动加工操作（开关机、装夹工件和刀具、对刀等） 5. 带轮加工中出现的简单报警及车削加工注意事项 6. 内孔塞规、角度样板、直角尺、百分表的使用及保养方法 7. 带轮的检验及加工质量分析 8. 反思总结和知识迁移能力
教学条件	1. 教学场地：多媒体教室、实训车间、检验室 2. 设备：CKD6140 型车床、多媒体教学设备等 3. 辅具：卡盘钥匙、刀架钥匙、垫刀片、切屑钩、毛刷、铜锤、铜皮、钻夹头、麻花钻等 4. 量具：游标卡尺、千分尺、角度样板、内孔塞规等 5. 刀具：外圆车刀、内孔车刀、车槽刀 6. 劳动防护用品：护目镜、工作服、工作帽等 7. 资料：带轮的数控车加工工作页、生产任务单、零件图、刀具卡、加工工序卡、质量检测表、保养记录卡、安全操作规程、机械手册等 8. 材料：毛坯（45 钢）、切削液等
教学组织形式	1. 教师分小组发放带轮生产任务单、零件图、带轮的数控车加工工作页，引导学生识读带轮零件图、安排加工工艺和编制零件加工程序，组织学生制订工作进度计划 2. 教师组织学生穿好工作服，戴好工作帽，并在指定地点集合，组织学生领取工具、量具、刀具、毛坯和机械手册等资料 3. 学生按带轮零件图要求，以小组为单位完成带轮的加工任务，教师巡回指导 4. 教师组织学生以小组为单位对加工任务产品进行质量检验 5. 教师组织学生以小组或个人形式，通过加工过程 PPT 汇报、带轮加工质量对比等形式，向全班展示、汇报学习成果并评价学习效果，完成评价表及带轮工作页的填写 6. 学生按车间管理规定，规范整理工作场地，归还工具、量具等
教学流程与活动	1. 带轮的工艺分析与编程（6 学时） 2. 带轮的数控车加工（36 学时） 3. 带轮的检验与加工质量分析（2 学时） 4. 工作总结与评价（4 学时）
评价内容与标准	1. 常见传动方式的类型、特点及用途 2. 工作进度计划制订的合理性 3. 带轮加工工艺的制定 4. 带轮数控车自动加工操作 5. 带轮零件的加工精度检测 6. 数控车床的日常维护、保养及车间清理 7. 加工质量分析表 8. 带轮零件检测表 9. 工作计划完成情况、团队沟通与合作、问题的分析与解决、语言表达能力、总结能力、知识迁移能力等

附表 11

带轮的数控车加工教学活动策划表

教学活动	关键能力	学生学习活动	教师活动	学习内容	资源	评价点	学时	地点
学习活动1：带轮的工艺分析与编程	分析能力、知识迁移能力、团队合作能力、沟通能力、表达能力	1. 接受生产任务并领取工作页 2. 查阅相关资料 3. 小组讨论、分析带轮的加工工艺，编制数控加工工序卡 4. 观看视频，熟悉带轮车削加工指令 5. 编制带轮加工程序 6. 以小组为单位汇报、展示学习成果 7. 工作页的填写	1. 布置相关信息收集任务 2. 组织学生进行带轮的加工工艺分析（如精度要求、装夹方式、加工顺序和方法、刀具的选择等） 3. 帮助学生理解带轮车削加工指令，解答学生的问题 4. 对小组学习成果的汇报进行点评	1. 生产任务单 2. 零件图、加工工序卡 3. 常见的传动方式及其特点 4. 带轮的用途 5. 带轮的加工工艺分析 6. 带轮车削加工指令（G74、G75）	1. 生产任务单、 2. 零件图、加工工序卡 3. 机械手册等相关资料 4. 学习课件 5. 工作页	1. 信息收集 2. 专业术语的使用 3. 尺寸公差和几何公差的理解 4. 加工工序卡的制定 5. 小组学习效率 6. 知识迁移能力 7. 工作页完成情况 8. 学习成果汇报情况	6	多媒体教室
学习活动2：带轮的数控车加工	安全意识、质量管控意识、分析能力、沟通能力、团队合作能力	1. 从指定地点领取毛坯、工具、量具、刀具，检查毛坯是否合格 2. 观看车槽刀、内孔车刀的装夹操作及对刀操作视频 3. 分组进行带轮的单件试切加工 4. 单件试切检测合格后，角色互换，在规定时间内完成剩余批量的加工 5. 工作页的填写 6. 保养机床，清理场地	1. 发放带轮毛坯及相应工具、量具、刀具 2. 组织学生观看车槽刀、内孔车刀的装夹操作及对刀操作视频 3. 讲解角度样板、内孔塞规的检测方法，指导学生使用 4. 检查、督促学生做好机床设备的日常维护及保养、车间现场的整理及清扫工作	1. 车槽刀和内孔车刀的安装、对刀及校验 2. 自动加工操作 3. 控制零件尺寸精度的方法 4. 角度样板、内孔塞规的检测方法	1. 生产任务单、零件图 2. 安全操作规程、机械手册等相关资料 3. 加工工序卡 4. 工具、量具、刀具（90° 外圆车刀、107° 内孔车刀、车槽刀）等 5. CKD6140 型车床 6. 工作页	1. 正确穿戴劳动防护用品、机床操作规范性 2. 加工过程中分析、解决问题的及时性和合理性 3. 带轮的加工质量 4. 任务完成效率 5. 工作页完成情况 6. 车间刀具、工具、量具整理的合格程度 7. 数控车床的日常维护及保养、车间现场的整理及清扫	36	实训车间

续表

教学活动	关键能力	学生学习活动	教师活动	学习内容	资源	评价点	学时	地点
学习活动3：带轮的检验与加工质量分析	信息查阅能力、问题分析能力	1. 掌握内孔塞规的检测方法并完成零件加工精度检测 2. 小组讨论不合格项目产生的原因并提出改进措施 3. 保养量具 4. 工作页的填写	1. 准备角度样板、内孔塞规、百分表等工具、量具 2. 组织学生观看角度样板、内孔塞规的检测操作视频 3. 组织各小组进行零件精度检测并分析误差产生原因 4. 讲解百分表、内孔塞规的保养方法	1. 几何精度（同轴度、垂直度）的检测方法 2. 零件车削加工误差的产生原因及预防措施 3. 内孔塞规、百分表的检测及保养方法	1. 零件检测表 2. 加工质量分析表 3. 工作页	1. 信息收集 2. 零件加工精度检测方法 3. 零件的加工质量 4. 工作页完成情况	2	检验室
学习活动4：工作总结与评价	总结反思、表达能力	1. 小组展示工作成果 2. 自我评价 3. 小组评价 4. 工作总结 5. 工作页的填写	1. 教师组织学生进行自我评价和小组评价 2. 评价工作过程 3. 组织学生撰写工作总结	1. 表达能力和专业术语的使用 2. 正确预估成本、工作进度计划、工时等 3. 工作总结	1. 学习评价表 2. 工作页 3. 带轮零件	1. 工作目标 2. 工作过程 3. 工作结果 4. 加工方法 5. 问题分析 6. 改进措施 7. 工作页完成情况 8. 汇报时的专业用语和仪容仪态	4	多媒体教室

附表 12　　螺纹端盖的数控车加工学习任务设计方案

<table>
<tr><td>专业名称</td><td>数控加工（数控车工）</td><td>一体化课程名称</td><td>简单零件数控车床加工</td></tr>
<tr><td>学习任务</td><td>螺纹端盖的数控车加工</td><td>学时</td><td>48</td></tr>
<tr><td>工作情境描述</td><td colspan="3">某企业接到一批螺纹端盖（图 4–1）加工订单，数量为 30 件。来料加工，材料为 45 钢，毛坯尺寸为 ϕ75 mm × 35 mm，交货期为 8 天。该零件由圆柱面、圆弧面、内孔、内沟槽和内螺纹组成，生产主管计划用数控车床进行加工</td></tr>
<tr><td>学习任务描述</td><td colspan="3">学生从教师处领取螺纹端盖的加工任务后，在教师指导下，识读螺纹端盖零件图，明确加工技术要求，学习螺纹端盖数控车加工的编程加工指令，进行加工工艺的安排、零件加工和加工质量分析，并在规定时间内完成加工任务，提交合格产品</td></tr>
<tr><td>与其他学习任务的关系</td><td colspan="3">该学习任务是简单零件数控车床加工一体化课程中的第四个学习任务，进行此任务学习，能巩固前面学习任务的知识技能，并为下一个学习任务的完成打下基础</td></tr>
<tr><td>学生基础</td><td colspan="3">在完成前三个学习任务的基础上，具备回转类零件直线、圆弧、槽、内孔轮廓的加工工艺分析与程序编制能力，能规范操作和保养数控车床，能正确使用和保养常用工具、量具、刀具，具备一定的工艺基础知识、质量管控意识和安全文明生产意识</td></tr>
<tr><td>学习目标</td><td colspan="3">1．能严格按照企业安全操作规程、工艺规程、环境等要求规范地完成零件生产加工，具备踏实钻研的工作态度，营造安全规范和团结协作的工作氛围
2．能根据加工任务书，通过小组讨论，共同制订合理的工作计划
3．能根据任务书、零件图加工要求，通过查阅数控加工工艺学，分析并制定数控加工工艺，完成加工工序卡的填写
4．能合理选择编程指令，完成螺纹端盖加工程序的编制
5．能独立操作数控车床，完成螺纹端盖的加工，并解决在此过程中出现的简单报警和加工精度问题
6．能合理选择量具，规范、熟练地使用螺纹塞规、内孔塞规等量具在加工过程中适时测量，并调整尺寸加工参数，保证零件精度
7．能按照零件精度要求，检验零件是否达到工艺要求并判断加工质量，分析误差原因，提出修改意见
8．能按车间现场“6S”管理规定和产品工艺流程的要求，正确放置工具、产品，对机床、工具进行维护保养，并规范填写保养记录表
9．能主动获取有效信息，展示工作成果，对学习与工作进行反思总结，并能与他人开展良好合作，进行有效的沟通</td></tr>
<tr><td>学习内容</td><td colspan="3">1．生产任务单
2．零件图、加工工序卡（工艺路线、加工顺序、加工方法、刀具的选择、切削用量等）
3．螺纹端盖车削加工指令（固定循环指令、螺纹切削加工循环指令）</td></tr>
</table>

续表

学习内容	4．螺纹端盖的自动加工操作（开关机、装夹工件和刀具、对刀等） 5．螺纹端盖加工中出现的简单报警及车削加工注意事项 6．螺纹塞规、表面粗糙度比较样块的使用及保养方法 7．螺纹端盖的检验及加工质量分析 8．反思总结和知识迁移能力
教学条件	1．教学场地：多媒体教室、实训车间、检验室 2．设备：CKD6140 型车床、多媒体教学设备等 3．辅具：卡盘钥匙、刀架钥匙、垫刀片、切屑钩、棉纱、毛刷、铜锤、铜皮、软爪、钻夹头、麻花钻、软爪修调器等 4．量具：游标卡尺、千分尺、螺纹塞规、内孔塞规、表面粗糙度比较样块、半径样板 5．刀具：外圆车刀、内孔车刀、内切槽刀、内螺纹车刀 6．劳动防护用品：护目镜、工作服、工作帽 7．资料：螺纹端盖的数控车加工工作页、生产任务单、零件图、刀具卡、加工工艺卡、加工工序卡、质量检测表、保养记录卡、安全操作规程、机械手册等 8．材料：毛坯（45 钢）、切削液等
教学组织形式	1．教师分小组发放螺纹端盖生产任务单、零件图、螺纹端盖的数控车加工工作页，引导学生识读螺纹端盖零件图、安排加工工艺和编制零件加工程序，组织学生制订工作进度计划 2．教师组织学生穿好工作服，戴好工作帽，并在指定地点集合，组织学生领取工具、量具、刀具、毛坯和机械手册等资料 3．学生按螺纹端盖零件图要求，以小组为单位完成螺纹端盖的加工任务，教师巡回指导 4．教师组织学生以小组为单位对加工任务产品进行质量检验 5．教师组织学生以小组或个人形式，通过加工过程 PPT 汇报、螺纹端盖加工质量对比等形式，向全班展示、汇报学习成果并评价学习效果，完成评价表及螺纹端盖工作页的填写 6．学生按车间管理规定，规范整理工作场地，归还工具、量具等
教学流程与活动	1．螺纹端盖的工艺分析与编程（6 学时） 2．螺纹端盖的数控车加工（36 学时） 3．螺纹端盖的检验与加工质量分析（2 学时） 4．工作总结与评价（4 学时）
评价内容与标准	1．常用螺纹的种类、特点及标记方法 2．工作进度计划制订的合理性 3．螺纹端盖加工工艺的制定 4．螺纹端盖的数控车自动加工操作 5．螺纹端盖零件的加工精度检测 6．数控车床的日常维护、保养及车间清理 7．加工质量分析表 8．螺纹端盖零件检测表 9．工作计划完成情况、团队沟通与合作、问题的分析与解决、语言表达能力、总结能力、知识迁移能力等

附表 13

螺纹端盖的数控车加工教学活动策划表

教学活动	关键能力	学生学习活动	教师活动	学习内容	资源	评价点	学时	地点
学习活动 1：螺纹端盖的工艺分析与编程	分析能力、知识迁移能力、团队合作能力、沟通能力、表达能力	1. 接受生产任务并领取工作页 2. 查阅相关资料 3. 小组讨论、分析螺纹端盖的加工工艺，编制数控加工工序卡 4. 观看视频，熟悉螺纹端盖车削加工指令 5. 编制螺纹端盖加工程序 6. 以小组为单位汇报、展示学习成果 7. 工作页的填写	1. 布置相关信息收集任务 2. 组织学生进行螺纹端盖的加工工艺分析（如精度要求、装夹方式、加工顺序和方法、刀具的选择等） 3. 帮助学生理解螺纹端盖车削加工指令，解答学生的问题 4. 对小组学习成果的汇报进行点评	1. 生产任务单 2. 零件图、加工工序卡 3. 常见螺纹的特点及其标记方法 4. 螺纹端盖的加工工艺分析 5. 螺纹端盖车削加工指令（G72、G32、G92）	1. 生产任务单 2. 零件图、加工工序卡 3. 机械手册等相关资料 4. 学习课件 5. 工作页	1. 信息收集 2. 专业术语的使用 3. 尺寸公差和几何公差的理解 4. 加工工序卡的制定 5. 小组学习效率 6. 知识迁移能力 7. 工作页完成情况 8. 学习成果汇报情况	6	多媒体教室
学习活动 2：螺纹端盖的数控车加工	安全意识、质量管控意识、问题分析能力、沟通能力、团队合作能力	1. 从指定地点领取毛坯、工具、量具、刀具，检查毛坯是否合格 2. 观看螺纹车刀的装夹操作及对刀操作视频 3. 镗软爪并校验 4. 分组进行螺纹端盖的单件试切加工 5. 单件试切检测合格后，角色互换，在规定时间内完成剩余批量的加工 6. 工作页的填写 7. 保养机床，清理场地	1. 发放螺纹端盖毛坯及相应工具、量具、刀具 2. 组织学生观看螺纹车刀的装夹操作及对刀操作视频 3. 引导学生查阅资料，如硬爪和软爪的区别、镗软爪的操作及校验方法、螺纹塞规和表面粗糙度比较样块等量具的检测方法，教师针对学生在资料查阅过程中遇到的问题进行答疑和指导 4. 检查、督促学生做好机床设备的日常维护及保养、车间现场的整理及清扫工作	1. 螺纹车刀的安装、对刀及校验 2. 镗软爪的操作及校验方法 3. 车床硬爪和软爪的区别 4. 螺纹塞规、表面粗糙度比较样块、半径样板等量具的检测方法	1. 生产任务单、零件图 2. 安全操作规程、机械手册等相关资料 3. 加工工序卡 4. 工具、量具、刀具（90°外圆车刀、95°内孔车刀、3 mm 内切槽刀、60°内螺纹车刀）等 5. CKD6140 型车床 6. 工作页	1. 正确穿戴劳动防护用品、机床操作规范性 2. 加工过程中分析、解决问题的及时性和合理性 3. 螺纹端盖的加工质量 4. 任务完成效率 5. 工作页完成情况 6. 车间刀具、工具、量具整理的合格程度 7. 数控车床的日常维护及保养、车间现场的整理及清扫	36	实训车间

续表

教学活动	关键能力	学生学习活动	教师活动	学习内容	资源	评价点	学时	地点
学习活动3：螺纹端盖的检验与加工质量分析	信息查阅能力、问题分析能力	1. 掌握常用量具的检测方法并完成零件加工精度检测 2. 小组讨论不合格项目产生的原因并提出改进措施 3. 保养量具 4. 工作页的填写	1. 准备螺纹塞规、表面粗糙度比较样块等工具、量具 2. 组织学生观看螺纹塞规、表面粗糙度比较样块、半径样板等量具的检测及保养操作视频 3. 组织各小组进行零件精度检测并分析误差产生原因	1. 几何精度（平行度）的检测方法 2. 零件车削加工误差的产生原因及预防措施 3. 螺纹塞规的检测及保养方法	1. 零件检测表 2. 加工质量分析表 3. 工作页	1. 信息收集 2. 零件加工精度检测方法 3. 零件的加工质量 4. 工作页完成情况	2	检验室
学习活动4：工作总结与评价	总结反思、表达能力	1. 小组展示工作成果 2. 自我评价 3. 小组评价 4. 工作总结 5. 工作页的填写	1. 教师组织学生进行自我评价和小组评价 2. 评价工作过程 3. 组织学生撰写工作总结	1. 团队工作效率的提升方法 2. 职业素养要求 3. 语言表达能力 4. 工作总结	1. 学习评价表 2. 工作页 3. 螺纹端盖零件	1. 工作目标 2. 工作过程 3. 工作结果 4. 加工方法 5. 问题分析 6. 改进措施 7. 工作页完成情况 8. 汇报时的专业用语和仪容仪态	4	多媒体教室

附表 14　　气缸连接头的数控车加工学习任务设计方案

专业名称	数控加工（数控车工）	一体化课程名称	简单零件数控车床加工
学习任务	气缸连接头的数控车加工	学时	60
工作情境描述	某企业接到一批气缸连接头（图 5–1）的加工订单，数量为 30 件。来料加工，材料为 45 钢棒料，毛坯尺寸为 ϕ45 mm × 60 mm，交货期为 10 天。该零件由台阶轴、内螺纹、内沟槽、孔和管螺纹等组成，生产主管计划用数控车床进行加工		
学习任务描述	学生从教师处领取气缸连接头的加工任务后，在教师指导下，识读气缸连接头零件图，明确加工技术要求，学习气缸连接头数控车加工的编程加工指令，进行加工工艺的安排、零件加工和加工质量分析，并在规定时间内完成加工任务，提交合格产品		
与其他学习任务的关系	该学习任务是简单零件数控车床加工一体化课程中的最后一个任务，学习此任务能对前四个学习任务的知识查漏补缺，巩固学习效果		
学生基础	在完成前四个学习任务的基础上，具备回转类零件直线、圆弧、槽、内孔、螺纹轮廓的加工工艺分析与程序编制能力，能规范操作和保养数控车床，能正确使用和保养常用工具、量具、刀具，具备一定的工艺基础知识、质量管控意识和安全文明生产意识		
学习目标	1. 能根据加工任务，通过小组讨论，共同制订合理的工作计划 2. 能根据任务书、零件图加工要求，通过查阅学习资料，确定加工基准，分析并制定数控加工工艺，完成加工工序卡的填写 3. 能合理选择编程指令，完成气缸连接头加工程序的编制 4. 能严格按照企业安全操作规程、工艺规程、环境等要求规范地独立操作数控车床，完成气缸连接头的数控车加工，并解决在此过程中出现的简单报警 5. 能合理选择量具，规范、熟练地使用螺纹环规、半径样板等量具在加工过程中进行适时测量，并调整尺寸加工参数，保证零件精度 6. 能按照零件精度要求，检验零件是否达到工艺要求并判断加工质量，分析误差原因，提出修改意见 7. 能按车间现场“6S”管理规定和产品工艺流程的要求，正确放置工具、产品，对机床、工具进行维护保养，并规范填写保养记录表 8. 能主动获取有效信息，团结协作，展示工作成果，对学习与工作进行反思总结，并能与他人开展良好合作，进行有效的沟通		
学习内容	1. 生产任务单 2. 零件图、加工工序卡（工艺路线、加工顺序、加工方法、刀具的选择、切削用量等） 3. 气缸连接头车削加工指令（端面固定循环指令、螺纹切削加工循环指令）		

续表

学习内容	4. 气缸连接头的自动加工操作（开关机、装夹工件和刀具、对刀等） 5. 气缸连接头加工中出现的简单报警及车削加工注意事项 6. 半径样板的使用及保养方法 7. 气缸连接头的检验及加工质量分析 8. 反思总结和知识迁移能力
教学条件	1. 教学场地：多媒体教室、实训车间、检验室 2. 设备：CKD6140 型车床、多媒体教学设备等 3. 辅具：卡盘钥匙、刀架钥匙、垫刀片、切屑钩、棉纱、毛刷、铜锤、铜皮、软爪、钻夹头、麻花钻、软爪修调器等 4. 量具：游标卡尺、千分尺、螺纹塞规、内孔塞规、表面粗糙度比较样块、半径样板等 5. 刀具：外圆车刀、内孔车刀、外切槽刀、外螺纹车刀、内切槽刀、内螺纹车刀 6. 安全防护用品：护目镜、工作服、工作帽等 7. 资料：气缸连接头的数控车加工工作页、生产任务单、零件图、刀具卡、加工工序卡、质量检测表、保养记录卡、安全操作规程、机械手册等 8. 材料：毛坯（45 钢）、切削液等
教学组织形式	1. 教师分小组发放气缸连接头生产任务单、零件图、气缸连接头的数控车加工工作页，引导学生识读气缸连接头零件图，安排加工工艺和编制零件加工程序，组织学生制订工作进度计划 2. 教师组织学生穿好工作服，戴好工作帽，并在指定地点集合，组织学生领取工具、量具、刀具、毛坯和机械手册等资料 3. 学生按气缸连接头零件图要求，以小组为单位完成气缸连接头的加工任务，教师巡回指导 4. 教师组织学生以小组为单位对加工任务产品进行质量检验 5. 教师组织学生以小组或个人形式，通过加工过程 PPT 汇报、气缸连接头加工质量对比等形式，向全班展示、汇报学习成果并评价学习效果，完成评价表及气缸连接头工作页的填写 6. 学生按车间管理规定，规范整理工作场地，归还工具、量具等
教学流程与活动	1. 气缸连接头的工艺分析与编程（8 学时） 2. 气缸连接头的数控车加工（46 学时） 3. 气缸连接头的检验与加工质量分析（2 学时） 4. 工作总结与评价（4 学时）
评价内容与标准	1. 气缸的种类、作用及工作原理 2. 工作进度计划制订的合理性 3. 气缸连接头加工工艺的制定 4. 气缸连接头的数控车自动加工操作 5. 气缸连接头零件的加工精度检测 6. 数控车床的日常维护、保养及车间清理 7. 加工质量分析表 8. 气缸连接头零件检测表 9. 工作计划完成情况、团队沟通与合作、问题的分析与解决、语言表达能力、总结能力、知识迁移能力等

附表 15　　气缸连接头的数控车加工教学活动策划表

教学活动	关键能力	学生学习活动	教师活动	学习内容	资源	评价点	学时	地点
学习活动 1：气缸连接头的工艺分析与编程	分析能力、学习能力、知识迁移能力、团队合作能力、沟通能力、表达能力	1. 接受生产任务并领取工作页 2. 查阅相关资料 3. 小组讨论、分析气缸连接头的加工工艺，编制数控加工工序卡 4. 观看视频，熟悉气缸连接头车削加工指令和管螺纹参数的计算 5. 编制气缸连接头加工程序 6. 以小组为单位汇报、展示学习成果 7. 工作页的填写	1. 布置相关信息收集任务 2. 组织学生进行气缸连接头的加工工艺分析（如精度要求、装夹方式、加工顺序和方法、刀具的选择等） 3. 帮助学生理解气缸连接头车削加工指令和管螺纹参数的计算过程，解答学生的问题 4. 对小组学习成果的汇报进行点评	1. 生产任务单 2. 零件图、加工工序卡 3. 气缸的种类及特点 4. 回转式气缸的工作原理 5. 气缸连接头零件的加工工艺分析（如加工顺序、加工方法、装夹方式等） 6. 气缸连接头车削加工指令（G92、G76） 7. 管螺纹参数的计算	1. 生产任务单、 2. 零件图、加工工序卡 3. 机械手册等相关资料 4. 学习课件 5. 工作页	1. 信息收集 2. 专业术语的使用 3. 尺寸公差和几何公差的理解 4. 加工工序卡的制定 5. 小组学习效率 6. 知识迁移能力 7. 工作页完成情况 8. 学习成果汇报情况	8	多媒体教室
学习活动 2：气缸连接头的数控车加工	安全意识、质量管控意识、自学能力、问题分析和解决能力、沟通能力、团队合作能力	1. 从指定地点领取毛坯、工具、量具、刀具，检查毛坯是否合格 2. 分组进行气缸连接头的单件试切加工 3. 单件试切检测合格后，角色互换，在规定时间内完成剩余批量的加工 4. 工作页的填写 5. 保养机床，清理场地	1. 发放气缸连接头毛坯及相应工具、量具、刀具 2. 引导学生自学半径样板的检测方法 3. 指导学生进行气缸连接头的车削加工 4. 检查、督促学生做好机床设备的日常维护及保养、车间现场的整理及清扫工作	1. 影响零件加工质量及加工效率的因素 2. 半径样板的检测方法	1. 生产任务单、零件图 2. 安全操作规程、机械手册等相关资料 3. 加工工序卡 4. 工具、量具、刀具（90° 外圆车刀、95° 内孔车刀、4 mm 内切槽刀、4 mm 外切槽刀、60° 内螺纹车刀、55° 外螺纹车刀）等 5. CKD6140 型车床 6. 工作页	1. 正确穿戴劳动防护用品、机床操作规范性 2. 加工过程中分析、解决问题的及时性和合理性 3. 气缸连接头的加工质量 4. 任务完成效率 5. 工作页完成情况 6. 车间刀具、工具、量具整理的合格程度 7. 数控车床的日常维护及保养、车间现场的整理及清扫	46	实训车间

续表

教学活动	关键能力	学生学习活动	教师活动	学习内容	资源	评价点	学时	地点
学习活动3：气缸连接头的检验与加工质量分析	信息查阅能力、自学能力、问题分析能力	1. 掌握常用量具的检测方法并完成零件加工精度检测 2. 小组讨论不合格项目产生的原因并提出改进措施 3. 保养量具 4. 工作页的填写	1. 准备螺纹塞规、半径样板、内孔塞规、游标卡尺等工具、量具 2. 组织学生观看半径样板的检测及保养操作视频 3. 组织各小组进行零件精度检测并分析误差产生原因	1. 零件车削加工误差的产生原因及预防措施 2. 半径样板的检测及保养方法	1. 零件检测表 2. 加工质量分析表 3. 工作页	1. 信息收集 2. 零件加工精度检测方法 3. 零件的加工质量 4. 工作页完成情况	2	检验室
学习活动4：工作总结与评价	总结反思、表达能力	1. 小组展示工作成果 2. 自我评价 3. 小组评价 4. 工作总结 5. 工作页的填写	1. 教师组织学生进行自我评价和小组评价 2. 评价工作过程 3. 组织学生撰写工作总结	工作总结	1. 学习评价表 2. 工作页 3. 气缸连接头零件	1. 工作目标 2. 工作过程 3. 工作结果 4. 加工方法 5. 问题分析 6. 改进措施 7. 工作页完成情况 8. 汇报时的专业用语和仪容仪态	4	多媒体教室